霹雳手段

《史记》中厉害人物建功立业的行为准则

闫荣霞 | 著

中华工商联合出版社

图书在版编目（CIP）数据

霹雳手段 / 闫荣霞著. —— 北京：中华工商联合出版社，2025.4. —— ISBN 978-7-5158-4242-4

Ⅰ. B848.4-49

中国国家版本馆 CIP 数据核字第 2025UlV531 号

霹雳手段

作　　者：闫荣霞
出 品 人：刘　刚
责任编辑：吴建新
装帧设计：荆棘设计
责任审读：郭敬梅
责任印制：陈德松
出版发行：中华工商联合出版社有限责任公司
印　　刷：三河市宏顺兴印刷有限公司
版　　次：2025年6月第1版
印　　次：2025年6月第1次印刷
开　　本：710mm×1000mm　1/16
字　　数：160千字
印　　张：12
书　　号：ISBN 978-7-5158-4242-4
定　　价：68.00元

服务热线：010—58301130—0（前台）
销售热线：010—58302977（网店部）
　　　　　010—58302166（门店部）
　　　　　010—58302837（馆配部、新媒体部）
　　　　　010—58302813（团购部）
地址邮编：北京市西城区西环广场A座
　　　　　19—20层，100044
http://www.chgslcbs.cn
投稿热线：010—58302907（总编室）
投稿邮箱：1621239583@qq.com

工商联版图书
版权所有　侵权必究

凡本社图书出现印装质量问题，请与印务部联系。
联系电话：010—58302915

前 言

　　霹雳手段——《史记》里的高手成事策略。本书是一部深入剖析《史记》中历史人物成事策略与决断胆略的力作，通过生动叙述再现历史人物的传奇经历，揭示了他们在面对困境与挑战时所展现出的非凡智慧与勇气，为后世提供了宝贵的借鉴与启示。

　　第一章，猛拳破困境，免得万般难。

　　本章开篇即点明主题，难事破局需靠重拳出击。通过曹沫用匕首劫持齐桓公达成同盟、毛遂以剑相逼迫使楚王签订不平等条约等故事，展现了古代高手在关键时刻敢于亮剑、果断出手的决绝与智慧。信陵君符印盗取、铁血救魏，蔺相如倒逼秦昭王、义不辱国，以及赵奢、李牧等人的英勇事迹，进一步诠释了"打得一拳开，免得百拳来"的深刻内涵。这些历史人物在面对强敌或困境时，总能以雷霆万钧之势，迅速打破僵局，赢得主动。

　　第二章，岂因祸福避趋之。

　　大是大非面前，要有勇往直前的胆略。本章通过李离铁血守正义、刎颈以死明法纪的悲壮故事，展现了法治先驱的坚定信念与无畏精神。陈胜起义、樊哙勇闯鸿门宴、刘章铁血除奸吕等历史事件，则生动诠释了古代英雄在危难时刻挺身而出、敢于担当的英勇品质。张良博浪沙惊天一击、汲黯符节在手储粮救危、申屠嘉智斗邓通等故事，更是展现了古代高手在复杂政治局势中的智慧与胆识。

第三章，怎一个"快"字了得。

占得先机是成事的第一要诀。本章通过越王勾践卧薪尝胆、誓死复仇的终极使命，赵奢瞒天过海惊世奇谋、项籍雷霆斩郡守等故事，生动展现了古代高手在追求目标时，如何迅速把握机遇、抢占先机。郦生豪侠行、雷霆擒韩信、陈平泪洒生死局等历史故事，则进一步揭示了古代英雄在关键时刻如何运用智谋与勇气，迅速化解危机、赢得胜利。周勃权谋天下、周丘闪电行动、飞将军诈死奇谋等故事，更是将"快"字诀的精髓展现得淋漓尽致。

第四章，事以密成，言以泄败。

一言一行，皆显人格魅力，定人生格局。在纷繁复杂的世界中，"一密定乾坤"，细微之处往往决定成败。言行不慎，如蚁穴溃堤，看似微不足道，实则能撼动大局，让大事难成。因此，需谨慎言行，深思熟虑，以智慧为舵，品德为帆，方能稳健前行，在人生的航程中乘风破浪，抵达成功的彼岸。

第五章，霸王硬上弓，信在威中求。

用出格的手段推动新策的施行，是古代高手常用的策略之一。本章通过孙武杀姬立威、司马穰苴铁血立威等故事，展现了古代军事家如何以雷霆手段树立威信、严明军纪。商鞅变法、秦始皇焚书坑儒等历史事件，则揭示了古代政治家在推行新政时，如何以铁腕手段扫除障碍，确保政策顺利实施。彭越铁血立威、项羽斩落卿子冠军等故事，更是将"霸王硬上弓"的策略演绎得出神入化。

第六章，亦刚亦柔，亦正亦邪。

有智谋加持的手段才容易成功。本章通过吴起末路狂澜、齐国雄风等故事，展现了古代高手在复杂局势中如何灵活运用智谋与手段，实现自己的目标。齐威王霸业始鸣、白起冷血风暴等历史故事，则揭示了古代英雄在追求霸业时，如何以刚柔并济、正邪相生的策略，赢得天下。商鞅诡谋诱捕公子卬、张良谋定天下等故事，更是将智谋与手段的结合展现得炉火纯青。

第七章，忍字头上一把刀。

隐忍藏迹是雷霆一击前的必要铺垫。本章通过周昭王胶船惊魂、周厉王末路悲歌等故事，揭示了古代王者若是不能仁爱恤民，则会受到百姓在忍无可忍之际的雷霆一击的为政道理。忍辱负重终灭强吴的绝世逆袭、郑武公密谋奇袭等历史故事，则展现了古代高手在追求目标时，如何以隐忍为策、静待时机。孙膑智谋燃烽火、范雎十年磨一剑等故事，更是将"忍"字诀的精髓诠释得更加透彻。

第八章，当断不断，必受其乱。

本章通过勾践迟疑间范蠡催战鼓、宋襄公泓水悲歌等故事，揭示了在关键时刻犹豫不决的严重后果。李园诡局夺命、齐桓公暮年迷途等历史事件，则进一步警示后人，在面临重大抉择时，必须果断出手，避免陷入困境。鸿门宴上风云变、韩信兵权一朝易主等故事，更是将"当断不断，必受其乱"的道理展现得入木三分。

第九章，功成拂衣去，深藏功与名。

激流勇退是砍向自己的霹雳刀。本章通过孙武归隐、范蠡逍遥游等故事，展现了古代高手在功成名就后，如何以淡泊之心退出江湖、享受人生。王翦自污避祸、张良智者归隐等历史故事，也揭示了古代政治家在权力巅峰时，如何以智慧之心洞察世事、明哲保身。萧何功高不震主、曹参谦隐等故事，更是将激流勇退的智慧与勇气展现给后人。

第十章，破而后立，凤凰涅槃。

在人生的旅途中，我们难免遭遇挫折与困境，但正是这些艰难时刻，孕育着新生的契机。正所谓"破而后立"，唯有经历破碎与重构，方能成就更加坚韧的自我。凤凰涅槃，浴火重生，寓意着在绝望中寻找希望，以非凡的勇气与决心，迎接生命的蜕变。面对挑战，我们应勇于采取霹雳手段，果敢行动，在挫折的灰烬中挖掘机遇，实现自我超越与重生。

综上所述，本书不仅是一部关于古代高手成事策略和决断胆略的著作，更是一部关于智慧、勇气、坚韧与牺牲的赞诗。它让我们深刻认识到，在历史的长河中，正是这些具有非凡智慧与勇气的人物，用他们的行动和决策，书写了人类文明的辉煌篇章。而他们的故事，也将永远激励着后人在追求梦想与真理的道路上勇往直前。

本书史料翔实，层次分明，文笔流畅，富有感染力。书中的故事，既有正面的有益经验，也有反面的失败教训，可令读者受益匪浅。读之能够游目骋怀，畅游历史之河，于滚滚的历史洪流之中，东临碣石，以观沧海，秋风萧瑟，洪波涌起。幸甚至哉，歌以咏志。

目录

第一章 | 猛拳破困境,免得万般难
　　——难事破局要靠重拳出击

匕首一出,谁与争锋:曹沫用一把匕首劫来的同盟 / 2

毛遂勇闯楚宫:剑影之下促成援赵解围 / 4

逆天改命:信陵君盗取符印,铁血救赵 / 8

试试玉硬,还是你的柱子硬:蔺相如倒逼秦昭王 / 10

五步之内要你命:蔺相如义不辱国 / 12

最硬的骨头就是突破口:赵奢力劝平原君带头交税 / 14

霍去病雷霆扫叛,匈奴悲歌远迁 / 17

西门豹用荒诞手段惩治豪强 / 20

第二章 | 岂因祸福避趋之
　　——大是大非面前要有勇往直前的胆略

焚券赢心,一计定乾坤 / 24

荆轲豪侠义气:匕首映血,刺秦路上的江湖悲歌 / 27

高渐离筑声绝响,乐师留下孤胆侠影 / 29

樊哙勇闯鸿门宴:铁血战将的传奇瞬间 / 31

刘章铁血除奸吕 / 34

斩吕产,夺南军,雷霆之战震九州 / 36

1

少年英杰张良：博浪沙惊天一击 / 38

汲黯风云：符节在手，储粮救危的智勇传奇 / 40

第三章 | 怎一个"快"字了得
——占得先机是成事的第一要诀

越王勾践：打造铁血敢死队，誓死复仇的终极使命 / 44

专诸铁血刺王僚：绝命一击的刺客传奇 / 45

赵奢瞒天过海的惊世奇谋：战国烽烟中的智将传奇 / 47

雷霆擒韩信，刘邦智平楚地之乱 / 49

陈平泪洒生死局：一哭惊天，逆转命运的悲情大戏 / 51

周勃的绝妙手笔：一鼓作气夺兵权 / 53

周丘的闪电行动：暗夜中的疾行者 / 55

飞将军诈死奇谋，生死瞬间乾坤逆转 / 57

第四章 | 事以密成，言以泄败
——谋大事者往往败在口风不严这样的细节上

秦军泄绝密，弦高退秦师 / 62

一次泄密，扭转晋文公生死乾坤 / 64

被告密戳破的谋反之梦 / 65

告密与反告密：衡山王谋反案中的荒唐戏码 / 67

事机不密，含恨而死：申屠嘉生死劫 / 69

马邑之谋：三十万伏兵诱歼匈奴，小小尉史泄密致失败 / 70

鸿门宴上风云变：被项伯改写结局的楚汉风云 / 73

召平失果断：一念之间，决断成遗憾 / 76

第五章｜霸王硬上弓，信在威中求
——用出格的手段推动新策的施行

孙武军令如山：杀姬立威，震撼三军 / 80

司马穰苴铁血立威：一刀断庄贾，令军纪如铁 / 83

申屠嘉智斗邓通：朝堂风云，一场惊心动魄的吓阻大戏 / 86

商鞅变法风云：以太子为筏，掀起历史巨澜 / 88

铁血平定嫪毐之乱：一统六合的王者之怒 / 90

秦始皇烈焰焚书：千古一帝的荒唐抉择 / 92

秦始皇雷霆一怒，万千儒生成冤魂 / 94

彭越铁血立威，乱世枭雄的霸业启程 / 95

项羽狂澜：斩落卿子冠军的霸绝瞬间 / 98

第六章 | 亦刚亦柔，亦正亦邪
——有智谋加持的手段才容易成功

吴起末路狂澜：至死亦要拉人共赴黄泉 / 102

齐国雄风：混水摸鱼，铁骑踏燕，霸土尽收囊中 / 104

齐威王霸业始鸣：一令震九州，王者之风惊世现 / 106

白起冷血风暴：坑杀降卒，战神的残酷抉择 / 108

商鞅诡谋：诱捕公子卬，变法风云中的智勇交锋 / 110

张良谋定天下：峣关奇袭，一战成名 / 112

刘邦权谋深似海：拘萧何，帝王心术下的暗流涌动 / 114

齐王秘局：琅邪迷雾，智擒王者的权谋风云 / 116

第七章 | 忍字头上一把刀
——隐忍藏迹是雷霆一击前的必要铺垫

周昭王胶船惊魂：王权沉浮，水域中的危机四伏 / 120

周厉王末路悲歌：民心之怒，雷霆万钧 / 122

郑武公密谋奇袭：胡地风云，智取敌国的霸业序章 / 124

刘邦白登困龙局：帝王之路的生死考验 / 126

萧何功高不震主：智者谦退的千古佳话 / 128

第八章 | 当断不断，必受其乱
——以霹雳手段展现果决的力量

勾践迟疑间，范蠡催战鼓：智者一锤定音的风云时刻 / 132

宋襄公泓水悲歌：仁义之战，却成千古笑谈 / 134

李园诡局夺命：断与不断，生死一念间 / 135

齐桓公暮年迷途：背弃管仲智言，易牙竖刁乱朝纲 / 137

汉王权谋闪电战：韩信兵权，一朝易主的王者博弈 / 138

辣手摧英豪：毒辣吕后霹雳绝杀韩信 / 140

淮南王逆梦破碎：王权路上的荒诞悲歌 / 142

第九章 | 功成拂衣去，深藏功与名
——激流勇退是砍向自己的霹雳刀

孙武归隐录：兵法传后世，智者遁江湖 / 146

范蠡逍遥游：功成身退后，江湖任我行 / 148

孙膑：残躯燃智火，辉煌铸史册，淡泊隐江湖 / 150

王翦：自污避祸，功成身退的名将传奇 / 152

张良：运筹帷幄后，智者逍遥游 / 155

曹参谦隐：治国有道的汉初名相传奇 / 157

第十章 | 破而后立，凤凰涅槃
——在挫折中寻找机遇，用霹雳手段实现重生

陈胜起义：匹夫一怒天下惊 / 162

商汤逐鹿：夏桀末路，王朝更迭的烽火史诗 / 164

武王伐纣：正义之旗，商周交替的铁血风云 / 166

孙膑智谋燃烽火：复仇之路，庞涓陨落的绝世棋局 / 169

范雎十年磨一剑：复仇之火，燃尽恩怨 / 172

勾践忍辱负重：终灭强吴的绝世逆袭 / 175

第一章

猛拳破困境，免得万般难

——难事破局要靠重拳出击

出手破困境，免得万般难。在复杂纷繁的挑战与困境面前，唯有果敢决绝、雷霆万钧的重拳出击，方能打破僵局，开辟前路。

匕首一出，谁与争锋：曹沫用一把匕首劫来的同盟

公元前681年，烽火连天，齐国大军如潮水般压向鲁国。

鲁军虽英勇抵抗，却渐渐力不从心，败局似乎已定。

生死存亡之际，鲁庄公艰难决定，献出遂邑，以求与齐国媾和。齐桓公欣然应允，决定与鲁庄公于柯地盟誓。

就在盟誓将成之际，一个人突然跃上祭坛，手中匕首寒光闪闪，直抵齐桓公的脖颈。他满眼决绝，斩钉截铁，视死如归：

"将你们侵占的土地归还鲁国！"

一时惊变，所有人心神大乱，大气都不敢出，生怕惹怒了这位勇士，直接给齐桓公来上一下。齐桓公自己也吓得手脚冰凉，觉得颈间盘着一条毒蛇，毒牙大张。

齐桓公脑筋急剧运转，却想来想去也找不到破局良方，而对方紧逼不放，无奈之下，他只好长叹一声，双手举起，压下众人的蠢蠢欲动，示意他们不要紧张，然后以尽量平稳缓和的声音，说道：

"好吧。"

于是，整个局面霎时间活了起来，众人都长吁一口气，有的人悄悄抹掉满脸的汗。而那个挟持齐桓公的人，却在齐桓公说出"好吧"之后，释然一笑，"当啷"一声扔掉匕首，一步一步走下高台，回到鲁国的臣子之列，面色平静，仿佛什么都不曾发生。

真的什么都不曾发生吗？

殊不知盟约达成后，齐桓公回过头来便心生恼恨，正琢磨着干脆杀死这个胆敢冒犯他这个大国之君的家伙，以重拾威严，然后奋一国之力，灭了鲁国！

幸而齐相管仲劝说了他一番：

"如果被劫持时答应了人家的要求，然后又背弃诺言杀死人家，这是满足于一件小小的快意之事，但在诸侯中却会失去信义，也就失去了天下人的支持。这样做，无异于自掘坟墓。"

齐桓公如梦初醒，决定将占领的鲁国领土都归还给鲁国。

而为鲁国立下大功的这个人，就是鲁国勇士曹沫。他出任鲁国将军，多次和齐国作战，也多次战败而逃。鲁庄公割遂地求和，曹沫继续担任将军。

此次，曹沫以一把匕首一雪前耻，把此前自己丢掉的所有土地，以迅雷不及掩耳之势，又全都"劫持"了回来。这可真是匕首一出，谁与争锋！

> **霹雳手段**
>
> 　　在盟誓的紧要关头，曹沫没有选择沉默或逃避，而是勇敢地站了出来，用匕首作为武器，直面强大的齐国君主。这需要何等的勇气和决心！同时，他也展现出了非凡的机智。他深知，在齐桓公面前，硬碰硬是行不通的，只有利用对方的恐惧心理，才能达到自己的目的。因此，他选择了劫持齐桓公这一大胆而巧妙的策略，最终成功地迫使齐国归还了侵占的土地。
>
> 　　曹沫用他的行动证明了，即使身处劣势，只要有足够的勇气和智慧，也能创造出令人惊叹的奇迹。

毛遂勇闯楚宫：剑影之下促成援赵解围

　　公元前258年，秦军黑云压境，将赵国都城邯郸围了个水泄不通。赵国国君急得像热锅上的蚂蚁，赶紧派出平原君前往楚国求援。

　　平原君心里盘算着：能和平解决当然最好，实在不行，哪怕是歃血为盟，也得把这事儿给办了！这任务艰巨啊，得找二十个既勇猛又聪明的伙伴一起上路。可是挑来挑去，只选出了十九个，剩下的那一个人选，真是让人头疼。

就在这时，一个名叫毛遂的小伙儿自告奋勇，平原君问："你来我这儿多久了？"

"三年了。"毛遂答得干脆。

平原君摇了摇头："贤能的人就像锥子放在布袋里，尖儿立马就露出来了。你来了三年都没动静，看来是不行啊，还是留在这儿吧。"

毛遂一听不乐意了："我以前是没机会展示，要是早把我放进布袋里，那不光尖儿露出来，整个锋芒都得挺出去！"

平原君被说动了心，勉强同意带他一起去。其他十九个人可就一个个用嘲笑的眼神看着毛遂，心想："这家伙也太能吹了吧。"

到了楚国，平原君跟楚王从早说到晚，楚王就是不买账。那十九个人开始撺掇毛遂："你上去试试！"

毛遂二话不说，提着剑就上了台阶，对平原君说："这事儿两句话就能搞定，怎么磨蹭这么久？"

楚王一看这架势，火了："你是谁啊？跑这儿来捣乱！"

平原君赶紧解释："这是我手下的一个门客。"

楚王更不高兴了："下去下去，我跟你们的主人说话呢，你凑什么热闹！"

毛遂可不吃这一套，提着剑又往前迈了一步，说道："大王，您之所以敢这么跟我说话，是因为您人多势众。但现在，十步之内，您的命可就在我手里了，您还牛气啥？"

楚王身边的人吓得直哆嗦，平原君也紧张得不行，可毛遂却跟没事人一样，接着说道：

"您看，汤王只有七十里地就能统一天下，文王靠百里之地就让诸侯称臣。他们靠的不是人多，而是会利用自己的优势。再看看您的楚国，地广人多，士兵百万，本来是霸王之材，可那秦国的白起，一个小小的将领，带着几万人就能把您打得落花流水。这样的深仇大恨，您却无动于衷。合纵是为了帮您报仇雪恨，可不是为了我们赵国。您这么对我，合适吗？"

楚王被说得汗流浃背，连连点头："对对对，先生说得对，咱们现在就结盟！"

毛遂还不放心，又追问了一句："您真下定决心了吗？"

楚王答："下定决心了！"

于是，毛遂让楚王身边的人取来鸡血、狗血、马血，自己捧着铜盘跪献给楚王，要求三方歃血为盟。先是楚王，再是平原君，最后是毛遂自己。

订完盟约后，毛遂又捧着铜盘走到那十九个人面前，笑着说："嘿，你们啥也没干，就跟着沾光了。"

平原君成功订盟，楚王派春申君发兵救赵。回国后，平原君感慨万千："毛先生的三寸不烂之舌，可比百万大军。我以后可不敢再吹嘘自己的识人之能了。"

霹雳手段

毛遂混杂在平原君的许许多多的门客之中，平时并没有显现出什么才能。但是赵国危局当前，他却能够抓住时机，以看似十分莽撞但是十分有效的举动，挟雷霆之威，说动楚王发兵救赵。显然这是一个厚积薄发、该出手时就出手的典型。

可见有的时候，危机就是机遇，一旦抓住，就能够锥处囊中，毕露锋芒。

逆天改命：信陵君盗取符印，铁血救赵

公元前257年，秦国兵围邯郸。赵国多次向魏国求救，魏王惧怕秦昭王的打击报复，自家的军队行至半路，却被阻止，开始观望形势。

信陵君魏无忌是魏昭王的小儿子，当今魏王的兄弟。他因为贤能而深受魏国百姓的爱戴。然而，魏王对信陵君的才能和威望一直心存忌惮，不肯将兵权交给他。

他深知唇亡齿寒的道理，赵国一旦覆灭，魏国也将独木难支。他心急如焚，只得另寻他法。

他想到了魏王的兵符——有了它，才能调动魏国军队。然而，兵符由魏王亲自保管，想要得到它，无异于痴人说梦。

信陵君找到了魏王的宠妾如姬。如姬的父亲曾被秦将所杀，而魏王却对此事置若罔闻，这使得如姬心中一直怀有深深的仇恨。信陵君向如姬许下承诺，若能帮他盗得兵符，他必将为如姬的父亲报仇雪恨。

于是，一个夜晚，如姬趁魏王熟睡之际，将兵符从魏王的枕边盗了出来，交给了信陵君。

大事成了！

信陵君立即手持兵符，前往魏军前线调集军队，然而，魏国的领军将军晋鄙却对信陵君的调令持怀疑态度，拒绝交出兵权。

双方就此僵住了。

就在此时，信陵君门下一个叫朱亥的门客走上前来，这个人原来是一个屠夫，力大无穷，善使铁锤。只见他慢慢走上前来，却猛然间从袖中取出足有四十斤重的大铁锤，一锤砸在晋鄙的脑袋上，晋鄙当场脑浆崩裂！

晋鄙一死，魏无忌迅速掌管晋鄙的军队，然后发号施令："父子都在军中的，父亲回家；兄弟同在军中的，长兄回家；没有兄弟的独生子，回家去奉养双亲。"

经过一番整顿选拔，得精兵八万，开赴前线抗击秦军。

魏国援军到达后，秦军撤离，邯郸得救，赵国保住了。

霹雳手段

信陵君窃符救赵，不仅是一次军事上的胜利，更是一种道义与智勇的集中体现。

此举打击了秦国意图一统天下的嚣张气焰，挽救了赵国于危难之中，维护了战国七雄间的平衡，为后续的合纵抗秦奠定了基石。此事件强调了诸侯之间合作与援助的重要性，以及在关键时刻勇于担当、不拘一格救国家的勇气与智慧。

试试玉硬，还是你的柱子硬：蔺相如倒逼秦昭王

战国时期，群雄纷争，其中秦国以强兵富国之势，对其他国家虎视眈眈。

在这风云变幻的年代，一件名为"和氏璧"的稀世宝玉，意外地卷入了秦、赵两国的政治漩涡，引发了一场惊心动魄的较量。

故事始于赵国，一日，赵惠文王偶得和氏璧，此玉色泽温润，光华内敛，一经现世，便引起了四方震动，尤其是强秦的觊觎。秦昭王嬴稷闻讯，假意以十五城换取此璧，实则意图羞辱赵国，彰显秦威。

面对秦国的强势，赵国君臣忧心忡忡，正当众人束手无策之际，蔺相如挺身而出，自告奋勇，愿携璧出使秦国，誓要保玉不失，维护赵国尊严。

蔺相如抵达秦国，秦王果然在章台宫设宴款待，但席间对和氏璧的兴趣远大于十五城的承诺，只字不提割地之事。

蔺相如见状，心中已有计较，他借故指出璧上瑕疵，要求秦王亲手交付查看，待秦王交出璧后，蔺相如突然捧璧睨柱，怒目而视，大声而喝，声如雷霆："大王欲以欺诈手段得璧，赵国虽弱，然宁为

玉碎，不为瓦全！若大王不诚心割地，相如愿以颈血溅此璧，与玉共亡！"

秦昭王大惊，深知此时若强夺，必失人心，且恐引发两国大战，遂假意安抚，承诺来日于朝堂之上正式商议割地事宜。蔺相如深知秦王言而无信，当晚，他便秘密命人将和氏璧藏于衣袍之中，借夜色掩护，连夜逃回赵国。

次日，秦王得知真相，怒不可遏，欲治蔺相如欺君之罪。然而，蔺相如却从容不迫："相如虽不才，然受赵王之命，保玉不失。今璧已归赵，相如愿以一身抵罪，但请大王思量，秦强赵弱，若秦国以暴行相逼，赵国虽小，亦将举国之力，与秦玉石俱焚。彼时，秦所得者，不过一块死玉，而失者，乃天下诸侯之心！"

秦王听后，虽心有不甘，却也深知蔺相如所言非虚，于是只得作罢，不仅未治蔺相如之罪，反而以礼相待，将其礼送回国。

蔺相如因此名震诸侯。

霹雳手段

面对秦国的强势，蔺相如巧妙地利用秦王的贪婪与对和氏璧的渴望，通过一系列精心设计的行动，不仅成功保护了国宝，还避免了赵国与秦国之间的直接冲突，为赵国赢得了宝贵的和平与发展时间。

在这一事件中，蔺相如以迅雷不及掩耳之势将一个选择题摆在秦王面前：是和氏璧硬，还是我的头硬，或者是柱子硬。意即倒逼秦王做出选择：是选择完璧归赵，还是选择玉石俱焚，引发两国大战。身

> 为一国之王，秦王被迫做出明智的选择。
>
> 蔺相如孤身深入虎穴，始终立场鲜明，志气不堕，胸怀如山。这是他这个人在当时乱世立得稳、走得远的根本原因。

五步之内要你命：蔺相如义不辱国

战国末年，秦国如日中天。一日，秦国铁蹄踏破赵国边境，石城沦陷，血染山河。次年，秦军再次呼啸而来，两万赵军英勇捐躯，悲壮之声，响彻云霄。

秦王野心勃勃，遣使至赵，言称愿在西河外的渑池与赵王共饮，共叙友好。

赵王闻讯，心中五味杂陈，既不敢去，又不敢不去，犹豫再三。

"大王若避而不去，则赵国软弱之名，必将传遍四海。"蔺相如言辞有理，掷地有声。廉颇亦道："臣愿护送大王至边境，若三十日无归，臣等将立太子为王，以绝秦患。"

赵王消除了赵国国祚的后顾之忧，为了赵国尊严，于是点头应允，决意赴会，奋力一搏。

临行之际，廉颇送至边境："大王此行，务必保重。臣等在此，静候佳音。"于是赵王带着蔺相如，踏上了这条未知的征途。

渑池会上，秦王酒兴正浓，忽而笑道："寡人闻赵王善鼓瑟，何不借此良机，一展才艺？"赵王虽来时鼓足勇气，此时面对强大的秦王，心中自生怯意，无奈只得依言弹奏。于是秦史官笔走龙蛇，记录下这一幕："某年某月某日，秦王与赵王共饮，赵王献瑟。"

蔺相如知道此时万不可堕了国威，否则必定会引敌人加倍欺上门来，于是大步上前，朗声道："赵王亦闻秦王善击缶，愿以此器，共娱嘉宾。"

秦王闻言，怒目而视，拒不答应。蔺相如却似对这秦王怒火不觉不知，径自手捧瓦缶，跪于秦王面前，目光如铁："大王若不击缶，相如五步之内，血溅当场！"

秦王侍从们听闻此言，蠢蠢欲动，欲上前制住蔺相如。然而，蔺相如却猛然睁大双眼，一声大喝，声震屋瓦。侍从们被这突如其来的气势所震慑，纷纷后退。秦王无奈，只得勉强击了一下缶。蔺相如立刻回头，示意赵史官记录："某年某月某日，秦王为赵王击缶。"

秦臣见状，心生不满，挑衅道："请以赵之十五城，为秦王献礼。"蔺相如毫不示弱，针锋相对，以一敌众："请以秦之咸阳，为赵王献寿。"

秦王虽心中不悦，但碍于蔺相如的针锋相对，以及赵国大军早已陈列边境，不敢轻举妄动。

就这样，渑池会上，蔺相如以一人之力，护得赵国尊严不失。他智勇双全，胆识过人，成为了赵国历史上的一段传奇。

> **霹雳手段**
>
> 渑池会上，蔺相如的雷霆手段无疑成为整个事件的焦点。面对秦王的挑衅和羞辱，他不仅没有退缩，反而以更加坚决和果敢的方式予以回应，展现出了非凡的勇气和智慧。
>
> 他用自己的行动诠释了什么是真正的英雄——在国家危难之际，挺身而出，以无畏的精神捍卫国家的尊严和利益。
>
> 他的事迹对后世产生了深远的影响，成为激励人心的力量。

最硬的骨头就是突破口：赵奢力劝平原君带头交税

赵奢是战国时期赵国名将，但是他起初却是管理赋税的官员。

他在收租税的过程中，曾使用的是兵法中的著名一招——杀鸡骇猴。

平原君赵胜是赵武灵王之子，赵惠文王之弟，赵国声名显赫的大贵族，战国四公子之一。

他权势显赫，家财万贯，但他的封地却长期拖欠国家田赋，成为赵国财政的一大漏洞。于是，赵奢决定挑战这一难题。

这天，赵奢亲自带队，前往平原君封地核查田赋。平原君的家臣们得知消息后，非但不配合，反而妄图以权势压人，声称平原君乃赵国重臣，其家族无需缴纳田赋。

赵奢毫不退缩，义正辞严地指出："国家税收，关乎国家兴衰，任何人均需依法纳税，不得有丝毫懈怠。平原君虽贵为国戚，亦不能例外。"

然后，他大手一挥，随从一拥而上，将阻挠执法的家臣们一一拿下。随后刀光连闪，经营平原君田产却拒不缴税的九人全都于眨眼之间掉了脑袋！

周围一片寂静，人们都吓傻了。及至回过神来，一个个面如土色，体如筛糠，赵奢说啥他们就应啥，所欠赋税也乖乖缴纳，不敢有一丝迟疑。

但是，这件事大大惹怒了平原君，他找到赵奢，要将他治罪。

赵奢不急不躁，劝说赵胜：

"平原君，您在赵国是地位显赫的贵公子，无人能及。但要是您今日纵容家中仆从，不遵守国家的法令，那可就是给国家拆砖卸瓦。法令一旦削弱，就如同国家的脊梁骨断了，国家自然会日渐衰弱。国家衰弱了，那些虎视眈眈的诸侯们可就不会客气了，他们定会趁机出兵侵犯赵国。一旦赵国陷入战火纷飞，危在旦夕，您那些金银财宝、权势地位，又能保住几分呢？

您想想看，以您如此尊贵的身份和地位，若能带头奉公守法，那将是何等的榜样力量啊！这样一来，国家上下自然就能公平正直，百姓心悦诚服，国家也就能日益强盛。国家强盛了，赵氏的政权才能稳如泰山，直至千秋万代。到时候，您作为赵国的贵戚，还会有人敢轻视您吗？不，他们会对您敬仰有加，视您为国家的中流砥柱！"

平原君一听，有道理，此人是个人才。

于是，他不但对于缴纳赋税毫无怨言，而且还非常大公无私地把赵奢推荐给了赵王，于是赵奢最终成为一代名将。

霹雳手段

赵奢敢于对平原君家丁下手，严格执行国家法令，不仅维护了国家法治的权威，也向全国上下传递了一个明确的信号——无论地位高低，都必须遵守国家法令，否则将受到严厉惩罚。同样，他为官员们树立了一个廉洁奉公的榜样，同时也为自己搏来一个大好前程。

赵奢曾跟随赵武灵王推行胡服骑射变法，可到了赵惠文王时期还是没有多大的成就，一直是声名不显，而他选择更强硬果决的处理办法，使得他挣脱蹉跎命运，既维护了国家法度，又为自己开辟了新的发展空间。

霍去病雷霆扫叛，匈奴悲歌远迁

公元前 123 年，十七岁的票姚校尉霍去病开始随着舅舅卫青骑马打仗，且战功累累，积功而授冠军侯，这一年，他才十九岁。

此后，他继续出征匈奴，连战连捷。甚至于孤军深入，三万多人的匈奴军队被歼灭，匈奴的五位单于、五位单于之妻（五王母）、单于的正妻（阏氏）以及五十九位王子，还有匈奴的相国、将军、当户、都尉六十三人，都给抓了。

这下子匈奴的统治阶层受到了严重打击。

浑邪是匈奴的一分支，霍去病把浑邪的王子和相国、都尉都给抓了，单于觉得浑邪拒敌不利，要你何用，就想杀掉浑邪王。

浑邪王不想死，就和休屠王一起带着四万多人一起降汉。

那年秋天，霍去病受降——有部下提出疑问：你怎么知道他是真降还是假降？是不是在摆鸿门宴？

但是他就真的敢去。

结果浑邪王是真心想降的，估计是休屠王不愿意降，所以搞起了内乱，打了起来。

一边打一边还要鼓动要投降的部众："你们不要降，降了之后没你们的好果子吃，汉朝的王会把你们剥皮拆骨抽筋。"

部众人心动荡，眼看着就要鼓噪着复叛，四万多人啊，万一围困住霍去病，又是一场血战，不知命运怎样。

霍去病一马当先："给我冲！"

他和他的士兵马蹄踏踏，声如雷鸣，驰入匈奴军中，刀光连闪，哀嚎一片，叮叮当当的兵刃撞击声不绝于耳，一直杀到复叛的降众跟前，把这些人立斩马下，尸体或仰或趴，倒下一片，血气冲天。

在这个冲天杀气的悍将面前，匈奴兵士再也提不起斗志，纷纷放下武器。浑邪王这才能够遂了心愿，归降汉朝。

从此，河西地区就不再是匈奴的了，是大汉朝的了。

匈奴人无奈，赶着牛羊离开，走到更寒冷、更偏远、更荒凉、更难以生存的地方。他们一边走，一边在苍茫的天下，唱着悲哀的歌谣："失我祁连山，使我六畜不蕃息；失我焉支山，使我嫁妇无颜色。"

经此一役，匈奴几乎不敢再犯大汉西北边境，就连戍守这些地方的西汉士卒都少了一半，好多士兵都能够解甲归田，就算不能解甲归田，也不用再在这样寒冷艰苦的地方苦熬了。而老百姓，也减去了很多的徭役负担。

好多士卒感念他们年轻的霍将军。

霹雳手段

霍去病如烈焰席卷般的战力与取得的巨大胜利，不仅为汉朝赢得了宝贵的和平与安宁，更让汉朝的威名远播四方。他的故事成为后世传颂的佳话，激励着一代又一代的将领和士兵为国家的安宁和繁荣而努力奋斗。

在漠南草原上，春风吹过，万物复苏。然而，对于匈奴来说，那曾经辉煌一时的王廷已成为永远的伤痛和记忆。而对于汉朝来说，霍去病的名字如同草原上的丰碑。

霹雳手段

西门豹用荒诞手段惩治豪强

西门豹，战国时魏人。他出任邺令，发现当地人最怕给河伯娶媳妇。

每年到该为河伯娶媳妇的时候，就有女巫到小户人家巡查，谁家有漂亮姑娘，就说她应该给河伯做媳妇，接着就行礼下聘，再把这女子打扮漂亮，穿上好看的衣裳，住进河边搭起来的华丽的房子里，让她吃好喝好。到了需要祭祀河伯的那一天，就把这个女子投进河里。可怜的女孩坐在漂在水面上的席子上，渐渐就沉了下去。

这些女巫不敢走进大户人家的宅子，就年年拿身份低贱的贫寒人家的女子做此事，逼得有女儿的人家都逃跑了，城里越来越空荡，人们也越来越贫困。

有人问："难道不可以不行此事，不给河伯娶媳妇吗？"

这时候就会有巫祝回答："这是不行的，如果不给河伯娶新妇，就会发大水，淹没农田、家园，收走人们的性命。"

原来，邺县的三老、廷掾这些在当地有声望的乡绅豪族和当官的，每年都借着给河伯娶媳妇的名义，大肆征税搜刮钱财，足足有几百万。这些人只拿出二三十万用于给河伯娶媳妇，其余的就和巫祝把这些钱私分了。

西门豹上任后，也参加了这个本地著名的仪式。

为河伯娶媳妇的日子到了，西门豹命

人请来要做河伯媳妇的女子，看了看，就把手一挥，说："不行，这个女子不够漂亮，麻烦大巫替我到河里禀报河伯，我要为他找到更美丽的女子。"然后，不等众人反应过来，他就叫手下把老女巫抱起来扔进河里，任凭她沉了底。

西门豹装模作样地在河边恭敬等待了一阵子，然后说："大巫怎么还不回来？再去个人催催。"于是老巫婆的一个女弟子也被扔进河里。

过了一会儿，又扔进去一个弟子。

再过一会儿，又扔进去一个弟子。

但是，她们都没有上来。

西门豹说："看来女人办事不成，话都说不清，来人，请三老替我下河把事情说清楚。"于是，三老也被抛进河里。

西门豹的姿态更恭敬了，在河边站了很久很久。那些长老、廷掾之类的"大人物"都要被吓死了。

西门豹问他们："怎么办？大巫和三老都办不成事，要不你们谁接着去？"这些人跪在地上，叩头不止，血流满面，脸如死灰。

最终，西门豹说："大家散了吧，看来河伯是留客住下了，不会放回来了。"

从此，再也没有人敢提起为河伯娶媳妇的事。

西门豹于是开始大力治理水患，开挖河渠，邺县从此粮食丰足，渐渐繁荣起来。

霹雳手段

西门豹初至邺城，面对当地河神娶妻的荒诞习俗及豪强横行的乱象，没有选择沉默或妥协，而是采取了雷霆万钧的行动，一时间，民众拍手称快，恶势力土崩瓦解。

西门豹就这样革除了陋习，消灭了人们心中的"鬼"，确立了自己的"霸主"地位，然后才着手兴修水利，治水工程方能得以顺利实施，使得邺城从荒芜贫瘠之地变为富饶的鱼米之乡，其雷霆手段背后，是对民生疾苦的深切关怀与变革的决心。

第二章

——大是大非面前要有勇往直前的胆略

岂因祸福避趋之

岂因祸福避趋之,面对大是大非,真正的勇士从不退缩。在人生的十字路口,唯有勇往直前,方能彰显英雄本色。

焚券赢心，一计定乾坤

田文，战国四公子之一，历史上赫赫有名的孟尝君，府上有食客三千。

齐国有个名叫冯谖的人，家里很穷，投奔孟尝君。孟尝君问："客人有什么爱好？"冯谖说："没有什么爱好。"又问："客人有什么才能？"冯谖说："没有什么才能。"就这样，孟尝君还是笑着接纳了他。

冯谖吃着孟尝君府里的饭菜，觉得不好吃，就靠着柱子弹他的剑，唱道："长铗啊，回去吧！吃饭没有鱼啊。"孟尝君听说了，就吩咐给他鱼吃。

过了不久，冯谖又弹着他的剑，唱："长铗啊，回去吧！出门没有车啊。"冯谖听说了，就给他派车。

以后不久，冯谖又弹着他的剑，唱："长铗啊，回去吧！（在这里）没有办法养家！"别人都很讨厌他，孟尝君却给他的老母亲送吃的用的，让她衣食无缺，冯谖就不唱这种歌了。

后来孟尝君要派人到薛邑替他收债，冯谖自告奋勇。于是冯谖带着孟尝君的书信和账本，踏上了前往薛邑的旅途。

到达薛邑后，他没有急于收债，而是深入民间，了解百姓的疾苦。他发现，许多百姓因债务沉重，生活困苦，甚至有人家破人亡，实在给付不起利息。

于是，他把凡是欠了孟尝君钱的人都集合起来，索得利息十万钱。但是，他并没有将这笔款项送回去，而是酿酒买肉，把借钱的人都召集到一起：能付给利息的要来，不能付给利息的也要来，而且都必须带上借钱的契据。

随即他让所有人都参加宴会，他则命人杀牛炖肉，置办酒席。宴会上大家吃肉喝酒，十分开心，冯谖则拿着契据走到席前一一核对，凡是能够付给利息的，就定下期限，何时当还；穷得不能给付息的，也有许许多多人。

接着，他做了一件惊世骇俗、让人瞠目结舌的事。

他把这些契据，在所有人都毫无防备的情况下，点起一把火，全都烧了！

火光熊熊，映红着人们吃惊的脸和张大的嘴：我是谁？我在哪？发生了什么？我从此无债一身轻了？不用卖儿卖女卖身还债了？天啊！

而冯谖却冲着大家，慷慨激昂地说：

"孟尝君之所以向大家提供借贷，就是要给没有钱的人提供助力，好从事生产；他之所以向大家索债，是因为没有钱财供养宾客。如今，

霹雳手段

家里富裕可以还债的已经约定日期还债，贫穷而无力还债的则烧掉契据，把债务全部废除。现在大家都不再有后顾之忧，那么，就请各位开怀畅饮吧。有这样的封邑主人，我们日后可不能背弃他啊！"

于是在座的人都站了起来，态度庄严郑重，跪拜，再跪拜。

过了一年，齐王赶逐孟尝君，孟尝君只好回到他的封地薛邑，结果那里的老百姓扶老携幼迎接他。

霹雳手段

人们常说雷霆一怒，未尝听闻"雷霆一善"。而冯谖一举焚烧契据，可称得上"雷霆一善"。他事先并未告知主人孟尝君，看似是"突发奇想"，"悖逆"行事，事实上，冯谖烧契据的行为并非一时冲动，而是经过深思熟虑的。他深知孟尝君需要的是民心而非金钱，因此果断采取了这一举措，从而起到了赢得民心以为主人所用的奇佳效果。

这一行为不仅体现了他的智慧和胆识，也展示了他在复杂政治环境中的敏锐洞察力和果断决策能力，成为赢得民心、博取民望的典范。

荆轲豪侠义气：匕首映血，刺秦路上的江湖悲歌

在战国末年的烽火岁月中，秦王嬴政自登基以来，以其强大的军事力量和冷酷的政治手腕，迅速统一了六国中的大部分领土，燕国因此面临着前所未有的生存危机。燕国的太子丹试图通过刺杀秦王嬴政，来挽救燕国的命运。他曾在秦国做人质，期间受到了嬴政的侮辱和冷遇，这更加坚定了他刺杀嬴政的决心。

在这场历史性的壮举中，荆轲这位勇敢无畏的刺客，成为这场行动的主角。

荆轲以剑术高超和豪侠义气著称，受到太子丹的赏识和重用。为了成功刺杀秦王，荆轲首先向太子丹建议，以燕国督亢地区的地图和樊於期的首级作为献礼，以此接近秦王。樊於期是秦国的叛将，曾杀害秦将，叛逃至燕，是秦王悬赏捉拿的要犯。荆轲亲自前往劝说樊於期自尽，以换取秦王的信任。

公元前 227 年的一天，荆轲出发了，燕太子丹和他的宾客们都穿着白衣戴着白帽为荆轲送行，在易水边，高渐离击筑，荆轲和着拍节

唱歌，声调苍凉悲壮："风萧萧兮易水寒，壮士一去兮不复还！"

然后荆轲就上车走了，连头也不回。

秦王得知燕国使者前来进献樊於期的首级与督亢地图，十分高兴，坐殿接见。荆轲的副手秦舞阳吓得瑟瑟发抖，荆轲却谈笑自若，上前献图。

秦王展开卷着的地图，一直展到尽头，露出藏在里面的匕首。荆轲一把抓住秦王的衣袖，拿起匕首就刺！

秦王大惊，抽身跳起，把衣袖挣断后，想要抽剑反击，可是剑身太长，抽之不及，只好慌忙地绕柱奔逃，后面荆轲紧追不舍，朝堂上众大臣都吓傻了。

而且堂上众人都不许携带武器，在危急时刻，侍从医官夏无且用药袋投击荆轲，侍从们提醒吓慌了的嬴政，让他把剑背到背后，于是他才能反手抽出宝剑，砍伤荆轲的腿。

荆轲不能行动，只好举起匕首投刺秦王，却没有击中，却被秦王连伤八处。荆轲自知大事不成，就倚柱大笑，箕坐而骂，被侍卫们冲上来杀死。

雷霆手段

荆轲刺秦的故事不仅展现了古代刺客的英勇和牺牲精神，荆轲也被赋予了英雄和义士的形象，成为激励人们追求自由和正义的象征。他虽然刺秦失败，但是所展现出的英勇、决绝和牺牲精神却被人永远铭记，因为这场悲壮的历史壮举不仅是对个人英勇的颂扬，更是对道义的坚守和捍卫。

高渐离筑声绝响，乐师留下孤胆侠影

荆轲刺秦失败后，秦始皇嬴政一统天下，但是追捕太子丹和荆轲同党的通缉令一直没有撤销。

荆轲的朋友高渐离已经不再当乐师，他改换了名姓，在一个姓宋的人家当杂役。当这家人请客击筑的时候，他就会评论哪里击得不好。

于是主人叫他上堂击筑，然后都叫好，赏给他酒喝。

终于有一天，他不想再这么偷偷摸摸地活下去了。于是，他改装肃容，抱着筑来和主人以及满座宾客见礼，告诉他们，自己就是高渐离。

主人和宾客都大吃一惊。

从此，大家都争着请他到自己家里做客，为大家击筑。他的名气更加响亮，甚至嬴政都听说了，还知道原来他是荆轲的朋友，是被通缉的罪犯。但是，嬴政说："怕什么，这么多人，还怕他给我一剑吗？让他来，当廷击筑给朕听。"

高渐离击筑，始皇帝心悦。此人杀之可惜，放之不能，干脆，嬴政命人用石灰弄瞎了他的眼睛，留下他专门给自己击筑。

这天，秦始皇又命高渐离来给自己击筑，当筑声响起，仿若沙场点兵，又如秋风怒水，铿铿锵锵，万古同哀。嬴政听得入神了，身体不由地向着高渐离靠了过去。

变故就在顷刻间！高渐离听准了嬴政的方位，轮起筑就给了他一下子！

电光石火间，嬴政迅捷闪避，筑被扔了出去，摔得四分五裂，里面露出不知道什么时候高渐离藏进去的沉甸甸的金属块。高渐离被当庭砍成肉泥。

当初，荆轲到了燕国，和高渐离交好，荆轲嗜酒，天天和屠夫还有高渐离混在一起，在燕国的市集上喝酒。喝多了，高渐离击筑，荆轲唱歌，一起畅快大笑，或者一起旁若无人地大哭流泪。如今，他又可以和荆轲一起喝酒吃肉、击筑唱歌了。

从此，秦始皇再没有让任何一个其他诸侯国的人近过自己的身。

雷霆手段

高渐离作为荆轲的好友，在荆轲刺秦失败后，依然选择了对秦始皇进行刺杀，这体现了他的忠诚和勇气。同时，也反映了当时社会的动荡和不满，秦始皇的暴政和严苛的法律，使得许多人对他心生怨恨。尽管高渐离的刺杀行动最终失败，但他的勇气和决心仍然令人敬佩。他的故事也被后人传颂，成为反抗暴政、追求正义的象征。

樊哙勇闯鸿门宴：铁血战将的传奇瞬间

秦末汉初，天下纷争不断，英雄豪杰层出不穷。其中，樊哙以其过人的勇气和胆识，成为刘邦麾下的一员猛将。而他在鸿门宴上的英勇表现，更是成为千古流传的佳话。

公元前 206 年，刘邦率大军先入关中，但是惧怕项羽势大，不敢称王，还军霸上，以待项羽前来接收关中这个胜利的巨大果实。

但是项羽和他麾下的谋士范增对于刘邦心生忌惮，要在鸿门举行宴会，招刘邦前来赴宴。席间，刘邦面临重重杀机，有范增数次以玉玦示意项羽，催促他下定决心，除掉刘邦；有项庄席前舞剑，想要趁机刺杀刘邦，幸得有项伯也起身舞剑，护住沛公。

情势危急之际，张良偷偷出帐，告诉守在帐外的樊哙。

樊哙一听，二话不说，带剑持盾，硬闯帐内，双目圆瞪，直视项王，怒火冲天。

项羽一见，问他是谁，张良告诉他，此乃沛公的参乘樊哙。

项羽喜欢樊哙的粗豪勇猛，不由得就称赞一声："真是壮士！"然后就命人赏他酒肉。

有人给樊哙端来一大碗酒和一条猪腿。樊哙也不客气，把一大碗酒一口气喝了个干干净净，又把偌大一条猪腿也连撕带扯吃了个干干净净。

项羽看得有趣，不由再问："还能再喝吗？"

樊哙趁这个话头，好一番慷慨激昂：

"我连死都不怕，难道还在乎这一碗酒？我们沛公先入咸阳，却还军霸上，以待将军大驾光临，他对您的忠诚天日可鉴。大王您今天却听信小人，要迫害沛公。恐怕这样一来，天下又要四分五裂，这一切都是由您造成的！"

项羽被他说得居然无话可应，只好沉默不语，但是对于刘邦的态度却明显地愈发和缓。

刘邦明显感到这是一个机会，马上带着樊哙借故寻机脱身，顺小道跑回自家大营，只留下张良收拾残局，代自己向项羽致谢，并分别给项羽和范增送礼。

可以说，如果没有樊哙雷霆闯帐，当面质问项羽，也许刘邦就会真的折在鸿门宴上，以致大汉天下胎死腹中。

霹雳手段

樊哙以霹雳火花带闪电之势硬闯鸿门宴，冒着极大的风险：在敌人的地盘上，项羽一声令下，任凭他有万夫不挡之勇，人家也有足够的人马把他干趴下。

但是他却把生死置之度外，而用看似粗豪，实则精细的语言艺术，把项羽说得含羞带愧，收回杀心，替刘邦争得关键性的一线生机。单凭这一点，樊哙就是智勇双全。他的雷霆手段，其实就是外面的一层皮相，内里的智慧需要细品。

刘章铁血除奸吕

在汉室风云变幻的岁月里，有一位年轻而英武的朱虚侯——刘章，他是高祖刘邦之孙，齐王刘肥之子，年方二十，便已力大无穷，胸怀壮志。

他因见刘氏宗族在朝中日益势微，职位难觅，心中愤懑不平，誓要为刘家争得一席之地。

一日，高后设宴，特邀朱虚侯刘章为宴上酒吏。刘章不卑不亢，亲自向高后请命："臣乃武将世家之后，愿以军法行酒，以助雅兴。"高后闻之，略感意外，却也心生好奇，便应允了他的请求。

酒至半酣，刘章起身，献上一段助兴的歌舞，舞姿矫健，气势如虹，引得满座宾客纷纷侧目。舞毕，他又不失时机地提出："臣愿为太后献上一曲耕田之歌，以表臣对农家生活的敬仰。"

高后见他年少气盛，又颇具童趣，不禁哑然失笑："你父王或许知晓耕田之事，但你自幼生于王府，又如何知晓田间辛苦？"刘章闻言，目光坚定，朗声道："臣虽未亲耕，却深知其理。"

太后好奇之下，便命他细说。刘章缓缓道来："深耕细作，方能保墒；留苗稀疏，方能壮实；非我族类，其心必异，当坚决铲锄，以保田园之净。"言罢，太后神色凝重，似有所悟，却未多言。

酒宴继续，气氛渐浓。忽有一吕氏族人，酒过三巡，竟离席而去。刘章见状，眼神一凛，拔剑而起，疾步追上，手起剑落，将其斩于当场。而后，他从容不迫地回到宴席上，向太后禀报："有一人逃离酒席，臣谨遵军法，已将其斩首示众。"

太后与在座宾客皆大惊失色，然既已许他按军法行事，便也无可奈何。宴会在一片惊愕中草草收场，而刘章的威名，却从此在朝中不胫而走。

自此以后，吕氏家族之人对朱虚侯刘章心生畏惧，即便是朝中大臣，也对他刮目相看，纷纷依附于他。刘氏的声势，在刘章的带领下，逐渐复苏，重振雄风。

霹雳手段

在吕后专权的背景下，刘氏宗族备受打压，刘章却敢于挺身而出，利用高后设宴的机会，以军法行酒，斩杀逃席的吕氏族人，不仅震慑了吕家势力，也重新振奋了刘氏宗族的士气。

这种雷霆一般的举动十分出人意料，不仅体现了刘章对家族荣誉的捍卫，更展现了他对国家未来的深切关心。通过这个故事，我们看到了在逆境中勇于抗争、敢于担当的英雄形象，也感受到了正义与忠诚的力量。

霹雳手段

斩吕产，夺南军，雷霆之战震九州

在西汉初年的苍茫天幕下，一场关于权力与忠诚的较量悄然拉开序幕。

高后八年（公元前180年），吕雉病重，她深知自己时日无多，便紧急布局，任命侄子吕禄为上将军，统率北军；吕产为相国，掌握南军，意图在自己去世后，依然能保住吕氏家族的权势不堕。

在长安城的深处，年轻的藩王刘章正密切关注着这一切。当他得知吕氏家族的密谋后，心中便燃起了熊熊烈火，他决定要挺身而出，为刘氏宗族争得一片天地。

他迅速将这一消息告知了其兄齐王刘襄，刘襄闻讯后，立即起兵，准备攻打长安。与此同时，刘章也在长安城内暗中联络大臣，准备作为内应。他深知，仅凭一己之力难以撼动吕氏家族的根基，必须联合一切可以联合的力量。

刘襄起兵后，吕产派灌婴率军迎击。然而，灌婴并非真心助吕，他按兵不动，并与齐王约定在诸吕反叛时联兵讨伐。这一举动为刘章等人争取了宝贵的时间。

此时，周勃和陈平也在积极谋划如何铲除吕氏势力。他们利用吕禄友人郦寄的关系，成功说服吕禄交出兵权。

然而，吕产却对此一无所知，他依然按计划入宫作乱。在这千钧一发之际，刘章挺身而出，他领兵进宫，与吕产展开了一场生死较量。在激烈的战斗中，刘章身先士卒，冲锋陷阵，最终，在郎中府的厕所里，刘章亲手斩杀了吕产，为刘氏宗族除去了一个心头大患。

随着吕产在郎中府厕所内的毙命，刘章手持长剑，血迹未干，却目光如炬，坚定地望向远方，那是吕氏势力最后的堡垒——长乐宫。

在刘章的带领下，南军将士如同猛虎下山，势不可挡。他们呐喊着，冲锋着，每一步都踏在吕氏势力的心脏上。而长乐宫内，吕更始等吕氏余孽，早已吓得魂飞魄散，他们试图组织抵抗，但在刘章如潮水般的攻势下，一切努力都显得那么苍白无力。

"斩草除根，不留后患！"刘章的声音在战场上回荡，如同雷鸣般震耳欲聋。他亲自率军冲入长乐宫，与吕更始等吕氏余孽展开了最后的决战。

终于，在一声震天的呐喊中，刘章亲手斩杀了吕更始，为这场惊心动魄的斗争画上了圆满的句号。

吕氏势力开始迅速崩溃，大臣们纷纷行动起来，他们捕杀了吕禄、吕媭等人，废除了鲁王张偃，并派人告知齐王刘襄吕氏已被诛灭。这一消息如同春风一般迅速传遍了整个长安城，人们纷纷欢呼雀跃，庆祝刘氏宗族终于摆脱了吕氏的阴影。

> **霹雳手段**
>
> 　　刘章斩吕产、夺南军、除诸吕的故事，展现了刘章的英勇与智慧。他敢于挺身而出，面对强大的敌人毫不畏惧；他善于谋划，利用一切有利条件打击敌人；他忠诚于国家，为了刘氏宗族的未来不惜付出一切。
>
> 　　这场斗争的高潮，彰显了刘章的英勇与智慧。

少年英杰张良：博浪沙惊天一击

　　在中国悠久的历史长河中，英雄豪杰层出不穷，他们以自己的智慧和勇气，书写了一段段传奇。其中，少年英杰张良的博浪沙一击，不仅展现了他的胆识与智慧，更成为反抗暴政、追求正义的代表。

　　张良，字子房，是韩国贵族之后。秦朝统一六国后，韩国灭亡，秦杀其家族三百余人。张良不但失去了家园和亲人，更成为丧国之人，心中充满了对秦朝的仇恨。他发誓要为韩国复仇，推翻秦朝的暴政。

　　张良并非鲁莽之人，他深知仅凭一己之力难以成事，于是开始四处游历，寻找志同道合之士。他的弟弟死后，他都没有为弟弟举办一个体面的葬礼，而是散尽家资，找到一个大力士，为他打制一只重达120斤的大铁锤。

准备就绪后，张良开始密谋刺杀秦始皇。

他打探到秦始皇的东巡行踪，便决定在途中对其实施刺杀。

天子六驾，到时候，他只要盯着六匹马拉着的车驾就可以了，因为大臣们都用四匹马拉车，目标可以排除。

他把刺杀地点定在了博浪沙，因为博浪沙地势险要，易于隐蔽，便于突袭。

但是，秦始皇的车队浩浩荡荡，戒备森严，所以他就和手持铁锤的大力士埋伏起来，看着车队渐渐逼近。

越到跟前，张良越发迷惑，因为六驾之车不只一辆！到底哪一辆上坐着暴君嬴政呢？

车队越来越近，越来越近，甚至可以看得清拉车的马奔驰中张大的鼻孔。不能犹豫了！他手果断向下一挥，随时等待他的命令的大力士轮起大铁锤，猛地一扬胳膊，"呼"的一声，大铁锤挟带着风声，沉重而凌厉，一下子砸在最前头那个车顶上！

一声巨响，车驾四分五裂，张良根本来不及去看行刺结果，再一挥手，和大力士转身隐没在草丛中，玩命狂奔，终于赶在秦王护卫队反应过来，梳篦一般密密搜山之前，脱身出来。

结局让他失望了：秦始皇并没有坐在那辆车里，其深知六国之人刺杀复仇之心不死，所以事先就安排了疑兵之计。即便如此，秦始皇也吓出一身冷汗，这一下如果砸中，他安有命在？惊怒之下，命令对刺客全国通缉。殊不知张良行刺的本事大，逃命的本事也不小，消失在茫茫人海。

后面的事情大家都知道了，张良最终辅佐刘邦建立大汉基业，功出不世，名留青史。

霹雳手段

张良在博浪沙的雷霆一击，虽然未能直接杀死秦始皇，但却极大地鼓舞了反秦势力的士气。他的勇气和智慧成为后世的楷模，激励着一代又一代人为正义和信仰而奋斗。

张良的故事告诉我们：在追求正义的道路上，在创造人生价值的道路上，勇气和智慧同样重要。

汲黯风云：符节在手，储粮救危的智勇传奇

西汉初年，在古老的华夏大地上，东越之地，闽越与瓯越两部族间烽火连天，战鼓不息。汉武帝闻讯，眉头紧锁，深知边疆不宁，乃

国家大患。于是，他慧眼识珠，派遣了以正直敢言著称的汲黯，前往东越，以察民情、解纷争。

然而，汲黯行至吴县，却并未继续前行，而是掉头返回，向汉武帝呈上一份独特的"战报"："陛下，东越之民，性情刚烈，好斗成风，此乃其地之俗，非一日之寒。臣以为，此类小战小斗，实乃地方自治之范畴，无需天子使臣亲往，以免惊扰民心，反增事端。"汲黯言辞恳切，条理清晰，展现出其超凡脱俗的政治智慧与对民情的深刻洞察。

不久，河内郡又传噩耗，一场突如其来的大火，如狂龙肆虐，吞噬了千余户人家的安宁。汉武帝再次将信任的目光投向汲黯，命其前往视察。汲黯归来，神色凝重，却非因火灾之严重，而是另有隐情：

"陛下，河内之火，实乃一户不慎，引火燎原，因房屋密集，火势难控，然并无大碍。然臣途径河南郡时，所见之景，令人心痛。水旱连年，百姓苦不堪言，灾民遍野，甚至有父子相食之惨状。臣不忍视之，故擅自做主，以所持符节，开仓放粮，救万民于水火。现在我缴还符节，请陛下治臣子假传圣旨之罪。"

汉武帝听后，非但未怒，反而对汲黯的贤良与胆识大加赞赏，免其擅作主张之罪，转任其为荥阳县令。

然而，汲黯却认为，县令之位，难展其志，更觉有辱使命，遂以病为由，辞官归隐。汉武帝反而更加器重汲黯，认为其乃国之栋梁，不可多得，遂召其回朝，任命为中大夫，委以重任。

霹雳手段

汲黯这位以正直著称的官员，以其独特的政治智慧和对民生的深切关怀，在历史的画卷上留下了浓墨重彩的一笔。

他能够当机立断，冒着假传圣旨的杀头风险，持符放粮，相当于矫诏，的确有一副霹雳肝胆。他的故事，如同璀璨星辰，照亮了后世为官者的道路，激励着他们为民请命，为国尽忠。

第三章
怎一个"快"字了得
——占得先机是成事的第一要诀

在瞬息万变的世界里,怎一个『快』字了得?行动迅速,决策果断,是占得先机的关键所在,亦是成事的第一要诀。

越王勾践：打造铁血敢死队，誓死复仇的终极使命

在越王勾践元年，即公元前 496 年的那个动荡岁月，吴王阖闾，这位雄才大略的君主，听闻越王允常去世的消息，心中顿时燃起了征服的欲望。他深知，这是削弱越国、扩大吴国疆土的天赐良机。于是，他毫不犹豫地举兵伐越，誓要将越国纳入吴国的版图。

面对吴军的汹汹来势，越王勾践并未选择退缩。他深知，这是一场关乎国家命运的决战。为了激励士气，勾践派遣了一支由敢死勇士组成的精锐部队，向吴军发起了挑战。

这些勇士们身着黑衣，手持利刃，排成三行，犹如死神的使者，毅然决然地冲入了吴军的阵地。他们大呼着越国的口号，声音震天动地，仿佛要将天地都为之震撼。

然而，就在吴军将士们惊愕之际，这些勇士们却做出了一个令人难以置信的举动。那些冲在前面的越军纷纷举刀自刎，以身殉国，用鲜血和生命诠释了越国人的英勇与无畏。

这一幕，让吴军将士们看得目瞪口呆，心中充满了恐惧与敬畏。而趁他们心神慌乱之际，后续越军趁机发起了猛烈的攻势，他们如同猛虎

下山，势不可挡。

最终，越军在槜李之战中大败吴军，射伤了吴王阖闾。阖闾身负重伤，奄奄一息，在弥留之际，他紧紧握住儿子夫差的手，告诫夫差："千万不能忘记越国，他们是我们的死敌。"

霹雳手段

越王勾践的敢死队，是越国历史上一段悲壮而英勇的传奇。他们以生命为代价，向敌人展示了越国人无畏的勇气与坚定的决心。

在槜李之战中，这些勇士们毅然决然地冲入敌阵，并在阵前自刎，用鲜血和生命为越军争取了宝贵的战机。他们的壮举不仅震撼了敌人，更激励了越军的士气，为最终的胜利奠定了坚实的基础。

专诸铁血刺王僚：绝命一击的刺客传奇

在春秋时期的吴国，有一位英勇无畏的刺客，名叫专诸。他本是吴国堂邑的一名勇士，因本领高强而被伍子胥所识。

当时，伍子胥逃离楚国，投奔吴国，他深知吴国的公子光有篡位之心，便将专诸推荐给公子光。

公子光得知专诸之能，如获至宝，对他礼遇有加。专诸亦不负所望，表示愿为公子光效力，共谋大事。

公子光深知吴王僚的戒备森严，要刺杀他绝非易事。于是，他精心策划了一场宴会，并暗中在地下室埋伏了精兵强将。

酒宴之上，觥筹交错，就在这欢声笑语之中，专诸身着厨师服饰，手端烤鱼，步伐稳健地走向吴王僚。当这道看似普通的菜肴被端到吴王僚面前时，专诸猛然掰开鱼腹，只见一把锋利的匕首如闪电般划破了空气，直指吴王僚的心口。

吴王僚猝不及防，瞪大了眼睛，惊恐地望着专诸，却已无力回天。匕首已经穿透了他的胸膛，吴王僚当场毙命。

侍卫们怒吼着冲向专诸，专诸倒在了血泊之中。

公子光趁机放出埋伏的武士，将吴王僚的部下全部消灭，成功篡位，成为新的吴王，即吴王阖闾。

专诸以自己的生命为代价，为公子光铺就了一条通往王位的道路，这场铁血刺杀改变了吴国的政治格局。专诸的英勇也被后世传颂。

雷霆手段

专诸的铁血刺杀，是春秋历史上的一次壮举。他有着非凡的勇气和坚定的意志，以烤鱼为掩护，巧妙地将匕首刺入吴王僚的心口，瞬间改变了吴国的命运。他的铁血丹心，为公子光铺就了一条通往王位的道路，也为自己赢得了千古流传的美名。专诸的刺杀行动，在历史的长河中留下了浓墨重彩的一笔。

赵奢瞒天过海的惊世奇谋：战国烽烟中的智将传奇

在战国风云变幻的年代，秦国铁骑如潮水般涌向韩国，大军屯驻于阏与之地，一时之间，韩国危在旦夕。

赵王闻讯，连忙召见大将廉颇，问道："卿以为寡人能否出兵救援？"廉颇眉头紧锁，沉吟道："道路遥远且艰险难行，救援之路，实为不易。"

赵王不死心，又召见乐乘，得到的答复却如出一辙。

赵王召见赵奢之时，赵奢却挺身而出，朗声道："道远地险，犹如两鼠斗于穴中，勇者胜！"

赵王听后，眼前一亮，当即拍板，命赵奢率军出征，解救阏与之围。

赵奢领命后，大军浩浩荡荡离开邯郸，仅行三十里，便下令军中："有敢妄言军事者，斩！"

秦军屯驻武安西侧，战鼓雷动，呐喊之声震天，连武安城中的屋瓦都为之颤动。赵军中一斥候见状，心急如焚，请求急速救援武安，却被赵奢毫不留情地斩首示众。

赵奢坚守营垒，二十八日按兵不动，反而加筑营垒，以示坚守之志。秦军间谍潜入赵营，赵奢却以礼相待，厚赠饮食，而后遣其归营。间谍回报秦将，秦将大喜过望，以为赵军怯战，阏与已唾手可得。

然而，赵奢却在此刻突然下令，卸下铁甲，轻装急进，两日一夜便抵达前线。

他命善射之骑，离阏与五十里扎营，以观敌变。秦军闻讯赶来，气势汹汹。

此时，赵军中一军士许历挺身而出，请求进言。赵奢让其入内，许历道："秦军未料吾等至此，士气正盛，将军需严阵以待，否则必败。"赵奢点头称是。许历因自己妄言军事，请求处斩，赵奢却许诺待归邯郸后再行论罪。

许历又献一计："先据北山者胜。"赵奢从其言，立即派出一万精兵抢占北山高地。秦军后到，与赵军争夺北山未果，赵奢趁机指挥大军猛攻，秦军大败，四散奔逃。阏与之围得以解除，赵军凯旋而归。

赵惠文王大喜，赐赵奢封号"马服君"，并任许历为国尉。自此，赵奢与廉颇、蔺相如并肩齐驱，共同撑起赵国的天空。

霹雳手段

赵奢在救援阏与的战役中，面对秦军的强势，他并未急于求成，而是选择坚守营垒，以静制动，麻痹敌人。在秦军放松警惕之际，他突然出击，轻装急进，抢占战略要地，最终大败秦军，成功解除阏与之围。

赵奢的举措，既体现了对敌情的准确判断，又彰显了对战机的敏锐把握。他的冷静、果断和勇敢，为赵国的胜利立下了赫赫战功，也为自己赢得了"马服君"的封号，成为后世传颂的军事奇才。

雷霆擒韩信，刘邦智平楚地之乱

西汉高帝六年（前201），风云突变，有人告密，言楚王韩信图谋不轨，意图造反。

刘邦召集群臣商议对策，将领们纷纷主张立即发兵。

刘邦转而询问陈平，陈平先是探问韩信谋反之事是否有外人知晓，刘邦摇头；再询韩信本人是否有所察觉，刘邦再次否认。陈平心中已有计较，遂问刘邦："陛下之精兵与楚军相较如何？陛下之将才与韩信相比又如何？"刘邦坦诚相告。

陈平闻言，缓缓道出心中计策："陛下若贸然发兵，反促其反。不如假借南游云梦之名，陈兵陈县，邀诸侯相会。韩信闻讯，必以为陛下无意加害，定会亲自郊迎。届时，陛下可乘其不备，一举擒下。"

刘邦当即决定依计行事。他派遣使者，遍告诸侯，言将南游云梦。随后，刘邦亲率大军，浩浩荡荡，直奔陈县而去。

韩信果然中计，亲率兵马，于郊外接驾。刘邦早已布下天罗地网，一见韩信，立即下令，武士蜂拥而上，将韩信五花大绑。

韩信惊愕挣扎："天下已定，我固当烹！"刘邦回头答曰："别叫唤了！你谋反的想法已经很明显了！"

就此，刘邦在陈县会盟诸侯，一举平定了楚地之乱。回师洛阳后，刘邦虽赦免韩信性命，却削其王位，贬为淮阴侯。

霹雳手段

刘邦面对韩信谋反的危机，他并未犹豫迟疑，而是迅速召集群臣商议对策，并果断采纳陈平之计，假游云梦，智擒韩信。这一系列行动，展现了刘邦在关键时刻的决断力和执行力。他能够迅速分析形势，作出正确判断，并采取果断措施，从而确保了汉室江山的稳定。

陈平泪洒生死局：一哭惊天，逆转命运的悲情大戏

汉高祖刘邦征伐黥布归来的途中，身染重病，只能缓缓地向长安行进。与此同时，燕王卢绾叛乱，刘邦愤怒之下，派遣樊哙以相国之尊，领兵前去平叛。

然而，启程之后，一些关于樊哙的不利言论却悄然传入刘邦的耳中，使他怒火中烧，认为樊哙在自己病重时心怀不轨，企盼自己早死。

刘邦命绛侯周勃与陈平一同前往军中，以取代樊哙，并斩首樊哙。二人领命，驱车疾驰，却早议定：樊哙不仅是高祖的老友，更是功勋卓著，且是吕后的妹夫，一旦草率行事，恐将引发难以预料的后果。于是，他们决定改变策略。

未至军中，他们便堆土筑坛，以符节召来樊哙。樊哙到来接诏后，却没有遭到斩首，而是被反绑起来，装入囚车，送往长安——如果皇上想杀他的话，那就由皇上自己来杀好了。

周勃则接过了指挥权，继续平定燕地的叛乱。

陈平在返回途中，得知高祖驾崩，他的心中涌起不祥的预感。他深知吕后的手段与心性，担心自己因执行高祖的命令而遭到吕后的猜

忌与报复。于是，他毫不犹豫地驱车疾驰，要抢先一步回到长安。

没想到，还未回到长安，于途中便遇到使者传诏，命他与灌婴驻守荥阳。陈平却并未遵从，而是直奔宫廷，在高祖的灵堂前痛哭流涕，借机向吕后禀报了处理樊哙一事的全部经过，让吕后得知樊哙没死。

吕太后看着陈平那真挚而悲痛的模样，心中不禁生出一丝怜悯，她轻声说道："您辛苦了，出去好好休息吧。"然而，陈平却并未就此罢休，他深知自己的处境依然危险，于是坚决请求留宿宫中，担任警卫之职。吕太后见状，便任命他为郎中令，并嘱咐他好好辅佐教导孝惠皇帝。

至此，陈平终于凭借自己的智慧与胆识，成功化解了这场生死危机。而樊哙也在被押至长安后，得到了赦免，并恢复了原有的爵位和封邑。

霹雳手段

陈平没有盲目执行高祖在愤怒之下的乱令，而是审时度势，与周勃共同策划，以囚禁代替斩首，既避免了可能的误杀，又为自己留下了回旋余地。

在得知高祖驾崩后，陈平更是果断行动，抢先回京，利用高祖灵堂这一特殊场合，向吕后真情流露，成功打消了吕后的疑虑，不仅救下了樊哙，更保全了自己。

陈平这次危机处理的手段，不仅体现了他的深沉与机智，更彰显了他在复杂政治环境下的生存智慧。

周勃的绝妙手笔：一鼓作气夺兵权

在风云变幻的汉朝初期，一场关乎皇室命运的较量悄然上演。

八月庚申日的清晨，阳光透过云层，洒在长安城的每一个角落。代理御史大夫平阳侯曹窋与相国吕产，在府邸中密谈国事，气氛凝重。此时，郎中令贾寿自齐国归来，他神色匆匆，带着一个惊人的消息——灌婴已与齐楚两国联手，准备发动一场针对诸吕的政变。

贾寿趁机向吕产进言，催促他赶紧进宫，吕产虽面色大变，却仍犹豫不决。而平阳侯曹窋在旁听闻此等机密，心中惊骇万分，立即找理由离开，然后转身直奔丞相陈平与太尉周勃所在，将这一紧急情报告知二人。

太尉周勃是一位久经沙场的宿将，深知长乐宫北军是诸吕势力的核心，若能掌控这支军队，便能在这场较量中占据先机。于是，他暗中筹划，利用襄平侯纪通掌管符节的便利，假传圣旨，使自己得以顺利进入北军营地。

在北军营地中，周勃面对的是吕禄这位手握重兵的吕氏族人。他

派遣郦寄与典客刘揭前去游说吕禄，以皇帝之命相压："皇帝已命太尉接管北军，大王应速回封国，切勿迟疑。若不及时交出将军印，恐有大祸临头。"

吕禄素信郦寄，不疑有诈，遂解下将军印，将兵权拱手相让。周勃得印在手，如虎添翼，大步迈入军门，一声令下：

"拥护吕氏者袒露右臂，拥护刘氏者袒露左臂！"

一时间，军中将士纷纷袒露左臂，以示对刘氏的忠诚。

在此之前，吕禄已交出将军印，悄然离开军营。于是周勃凭借智勇与果断，成功夺取了北军的指挥权，为接下来的政变奠定了坚实的基础。

这场闪电夺兵权的行动，不仅展现了周勃的军事才能，更成为了汉朝历史上一段传奇的佳话。

霹雳手段

周勃闪电夺兵权，是汉朝初期一场惊心动魄的政治斗争中的关键之举。

周勃作为太尉，凭借深厚的军事底蕴和敏锐的政治嗅觉，利用假传圣旨的巧妙手段，成功渗透至北军营地。面对吕禄，他运用智谋与郦寄等人的游说，迫使对方交出兵权。整个行动迅速而果断，展现了周勃卓越的领导力和应变能力。

这一事件不仅稳固了刘氏的皇位，也为汉朝的后续发展奠定了重要基础。周勃的闪电夺兵权，不仅是个人智慧的胜利，更是汉朝皇室与功臣集团合力维护国家稳定的典范。

周丘的闪电行动：暗夜中的疾行者

在汉景帝统治的动荡时期，天下风云变幻，诸侯王的野心如同野草，更行更远还生。

吴王刘濞这位拥有雄厚实力的诸侯王，因对朝廷积怨已久，终于决定起兵叛乱，意图问鼎中原。

在他麾下，各路英豪纷纷被授予高位，从将军到校尉，从侯爵到司马，唯有一人，名叫周丘，却未得丝毫重用。

周丘，性情豪放，嗜酒如命，行为不羁，故而遭到吴王的轻视。然而，周丘却渴望施展才华，成就一番事业。

一日，周丘鼓起勇气，拜见吴王刘濞。他言辞恳切，对吴王说道："我自知才疏学浅，难以在军中担任要职。但我有一颗忠诚之心，愿为大王效犬马之劳。我斗胆请求大王赐我一枚汉朝的符节，我必当竭尽全力，以报大王的知遇之恩。"吴王被周丘的诚意所打动，便将符节赐予了他。

周丘手握符节，犹如掌握了通往下邳的钥匙。他连夜策马疾驰，直奔下邳而去。此时的下邳，已是一片风声鹤唳，兵士们纷纷涌向城墙，准备抵御即将到来的战乱。

周丘径直奔赴客舍，召见下邳县令。县令踏入门槛，便被周丘的随从以莫须有的罪名斩杀。随后，周丘又召集了县令的亲友、当地的富豪官吏，向他们晓以利害："吴王的大军即将兵临城下，到时，城中的百姓将难逃厄运。但若能此刻投降，你们的家室尚可保全，更有才干者，或许还能封侯拜相。"

周丘言辞恳切，那些富豪官吏听后，纷纷出动，将消息传遍了下邳城。一时间，下邳百姓人心思安，纷纷选择投降。周丘凭借一己之力，一夜之间便集结了三万大军。他立即派人向吴王刘濞报捷，并率领这支新组建的军队，向北进发，攻城略地。

当周丘的军队抵达城阳时，已壮大至十多万人之众。他们势如破竹，一举击溃了城阳的守军。

然而，此时却传来了吴王刘濞战败逃走的消息。周丘无奈，只好率领军队返回下邳，在归途中便因为后背毒疮发作而死。

霹雳手段

在吴王起兵叛乱、天下动荡之际，周丘凭借一枚符节，孤身深入敌后，凭借智谋与口才，一夜之间便瓦解了下邳的防御，集结起数万大军。他的行动迅速而果断，不仅彰显了其过人的军事才能，更体现了他对于时局的敏锐洞察以及对于人心的深刻把握。

然而，因为所托非人，所谋亦非正义，所以这位英勇的将领最终未能亲眼见证胜利的曙光，他的牺牲成为这场乱世纷争中一抹悲壮的色彩。

飞将军诈死奇谋，生死瞬间乾坤逆转

在汉武帝雄图伟略的时代，汉朝与匈奴的边境冲突频发，为了彻底解决这一边患，汉朝策划了一场精妙的诱敌之计：选择马邑城作为诱饵，精心布置，在马邑两旁的山谷中埋伏下重兵，意图一举歼灭匈奴主力。

在这场布局中，骁勇善战的李广被任命为骁骑将军，并接受护军将军韩安国的指挥。然而，匈奴单于敏锐地察觉到了汉军挖的"大坑"，果断下令撤退，使得汉军的精心布局落空，无功而返。

四年时光匆匆流逝，李广再次披挂上阵，这一次，他率领大军从雁门关出击，誓要与匈奴决一死战。

然而，战场上的形势瞬息万变，匈奴兵力雄厚，李广的军队寡不敌众，最终战败被俘。单于对李广早有耳闻，深知其才能非凡，因此特别下令，俘获李广后必须活着送到他面前。

被俘后的李广，伤病在身，被放在两匹马中间，装在一个绳编的网兜里躺着。他身陷囹圄，却从未放弃脱身的希望。

匈奴部队行进了十余里，李广利用匈奴骑兵的疏忽，假装死去，暗中观察时机。终于，他瞅准了一个骑着好马的匈奴少年，突然发力，一跃而上，将少年推落马下，夺其弓箭，策马向南狂奔。

匈奴出动数百骑兵对他穷追不舍，双方你追我赶，匈奴利箭嗖嗖，李广在马上不停地用匈奴少年的弓箭射杀追来的骑兵以作回敬，如是飞驰数十里，直至李广重又遇到他的残部，最终成功逃脱。

霹雳手段

在深陷敌营、重伤被俘的绝境之中，李广没有选择屈服或绝望，而是冷静观察，寻找一线生机。他巧妙伪装，以诈死之计迷惑敌军，为逃脱赢得了宝贵的机会。

在成功夺取敌骑战马后,更是凭借过人的骑射技术,在敌众我寡的极端不利条件下,一边奔逃一边反击,展现了其超凡的战斗能力和不屈不挠的精神风貌。这一系列行动不仅考验了他的个人勇武,更体现了他在绝境中求生的智慧与勇气。

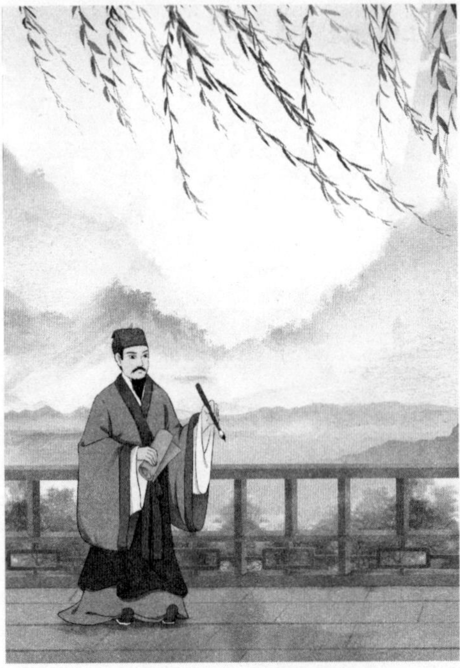

第四章

事以密成，言以泄败
——谋大事者往往败在口风不严这样的细节上

事以周密策划而成功，言语不慎则易致失败。在谋划大事的过程中，每一个细节都至关重要，而口风不严往往会成为功亏一篑的关键所在。

秦军泄绝密，弦高退秦师

公元前 628 年，晋文公去世，其子继承晋国的君位。这一变故倒为一直觊觎东扩的秦穆公提供了可乘之机。他决定利用晋国国丧之际，派遣大军偷袭与其接壤的郑国，以期一举消灭这个潜在的对手。

秦穆公命令大将孟明视、西乞术、白乙丙率领 400 辆兵车，悄无声息地向着郑国进发。

第二年的二月，当他们行至滑国境内时，一场意外的邂逅彻底改变了这场战争的走向。正是在这里，秦军遇到了两位郑国的商人——弦高和奚师。

弦高和奚师赶着一群牲畜准备贩卖到外地，当他们看到秦军到来时，弦高立刻意识到了事态的严重性。他们经过一番打探，了解到了一些重要信息，弦高便迅速让奚施回国报信，自己则留下来应对秦军。

弦高编造了一套谎话，声称郑国已经知道了秦军的到来，并已经加强防守。同时，他还谎称奉国君之命，将这十二头牛作为犒赏秦军的礼物，以示友好。

这一举动成功地迷惑了秦军的主帅们，他们误以为郑国已经有了充分的准备，因此放弃了继续偷袭的计划。

与此同时，奚师也迅速将秦军偷袭的消息传回了郑国。郑穆公得知消息后，立即下令军队进入战备状态，并派人前往秦国派到郑国的使者那里探听虚实。

当他们看到秦国使者已经整装待发，准备配合前来征伐的秦军采取行动时，郑国的大臣皇武子对他们客气又硬气地说："听说各位要回国，我们没有时间为你们饯行，我们郑国的原野上，到处都有麋鹿出没，请你们自己去猎取吧。"

综合以上情况，秦军知道郑国已经有了防备，秘密行动已经败露，只得打道回国。弱小的滑国则被心情不好的秦军顺手给灭掉了。

雷霆手段

"事以密成，言以泄败"，保密是成功的重要保障，而泄密则往往导致失败。弦高与奚师正是无意中得知了秦军的军事行动，方才凭借智勇阻止秦军伐郑。这一历史事件警示我们，在任何时候都要重视保密工作，切勿因一时的疏忽大意而泄露机密。

一次泄密，扭转晋文公生死乾坤

晋文公重耳在历经十九年流亡后，终于重返晋国，登上君位。然而，那些曾支持其弟夷吾（晋惠公）的旧大臣，如吕省和郤芮，他们心怀恐惧，担心晋文公秋后算账，于是暗中勾结党羽，计划趁文公不备，放火焚烧其居所，再趁机取其性命。

然而，这一密谋的计划不慎走漏了风声，其阴谋被一个曾经意图加害文公的宦者履鞮所知。为了洗刷过去的罪孽，履鞮急忙向文公报告这一机密行动。

面对履鞮的求见，晋文公初时心生戒备，拒绝相见，并历数其过往罪行。但履鞮的一番肺腑之言，却让他不得不重新考量，履鞮说："我虽曾对您不敬，但今时不同往日，我深知一国之君的安危关乎社稷。您若不见，恐大祸临头。"

文公闻言，终于召见履鞮，得知了吕省和郤芮的阴谋。

他本想召见吕、郤二人，但此二人党徒众多，晋文公担心自己刚刚回国，根基不稳，国人也许会出卖自己，于是他就隐姓埋名，改头换面前往王城，会见秦缪公。

而他所做的这一切，国人全不知情。

三月己丑日，吕省与郤芮终于发动叛乱，火光冲天，文公居所化为一片废墟。当他们发现文公早已不在宫中时，为时已晚。文公的卫兵迅速反击，叛军败退，意图逃亡。秦穆公率军适时出现，诱敌深入，在黄河之畔将吕、郤等人一网打尽。晋文公则安全返回晋国。

雷霆手段

晋文公重耳面对吕省、郤芮的叛乱阴谋，得益于宦者履鞮的及时告密，才得以洞悉危机。从吕省、郤芮二人的角度来讲，若非有人泄密，此次事件一旦能成，必将改写晋国历史。这也警示我们，在大大小小的商业竞争中，如何守住秘密，成为决定生死存亡的关键。

被告密戳破的谋反之梦

汉武帝年间，一场由汉武帝的堂伯父——淮南王刘安掀起的政治风暴悄然酝酿。

他对朝廷的削藩政策心怀不满，于是暗中积聚钱财，收买郡国诸侯、游士以及朝中大臣的心。同时，修治攻战器械，为起兵反叛做好充足的准备。

而且，他还伪造了皇帝印玺及丞相、御史、大将军等官员的官印，一旦功成，马上称帝，君临天下，统治万方。

刘安有个庶出的儿子名叫刘不害，他并不受刘安的喜爱，因而在家族中备受歧视。于是刘不害的儿子刘建遣寿春县人庄芷于元朔六年（公元前123年）上书，揭露淮南王的阴谋。

汉武帝得知此事后，立即将此事交付廷尉审理，廷尉又将此案转交给河南郡府。在河南郡府的审讯下，刘建供出了淮南王太子及其党羽的罪行。

刘安得知刘建被召受审的消息后，惊恐万分，担心国中密谋造反之事败露，于是决定抢先起兵。

然而，在这个关键时刻，刘安的宾客伍被却独自前往执法官吏处，告发了自己参与淮南王谋反的事情。他将谋反的详情全盘托出，执法官吏随即逮捕了太子、王后，并包围了王宫，将国中参与谋反的淮南王的宾客全部抓捕起来。在搜查过程中，还发现了大量的谋反器具。

武帝得知此案后，震怒不已。此案牵连出与淮南王一同谋反的列侯、地方豪强有几千人。这些人一律按罪刑轻重处以不同刑罚。而淮南王刘安则在绝望中自刎而死。他的王后荼、太子刘迁以及所有共同谋反的人都被满门抄斩。伍被作为参与谋反者之一，也被判处死刑。淮南国因此被废为九江郡。

> **雷霆手段**
>
> 淮南王刘安谋反案，是西汉历史上一次惊心动魄的政治风波。泄密与告密，成为这场风波中的关键要素。刘建的告发，如同一颗重磅炸弹，瞬间击碎了淮南王的谋反美梦。而伍被的临阵倒戈，更是将淮南王的阴谋彻底揭露。一次事关重大政治行动，泄密与告密往往决定着行动的成功与否，乃至当事人的生死存亡。

告密与反告密：衡山王谋反案中的荒唐戏码

刘赐，是汉高祖刘邦之孙、淮南王刘安的兄弟。随着淮南王刘安谋反案的爆发，刘赐的衡山国也被卷入其中。

刘赐与刘安虽为亲兄弟，却互不信任，各自招兵买马，防备对方。

同时，在衡山国内，刘赐的家族也纷争不断。他与王后徐来、太子刘爽之间的矛盾日益激化，甚至到了剑拔弩张的地步。徐来为了争宠，联合刘赐的少子刘孝、女儿刘无采等人诋毁太子，导致刘赐对刘爽心生厌恶，多次毒打。这种家庭内部的纷争，不仅削弱了刘赐的统治力量，更为他的谋反计划增添了不稳定因素。

然而，刘赐并未因此放弃谋反的念头。他暗中勾结门客，私刻天子印玺，建造兵车箭支，准备起兵反叛。

在元朔五年（公元前124年），刘赐前往长安朝拜汉武帝时，与淮南王刘安抛弃前嫌，共谋大计。

元朔六年，衡山王太子刘爽派白嬴前往长安上书，揭露刘孝与衡山王刘赐谋反的实情。然而，白嬴还未来得及上书，便因牵涉淮南王谋反案被逮捕。

刘赐则惊恐万分，立即上书反告太子刘爽大逆不道。

随着案件的深入调查，刘赐的谋反行为逐渐浮出水面。他被迫接受审讯，最终自刎而亡。他的家族成员、门客以及同谋者均受到严惩，衡山国被废为衡山郡。

雷霆手段

刘爽派白嬴前往长安上书揭露刘孝与衡山王刘赐谋反的行为，虽然在一定程度上是为了自保，但也揭示了古代宫廷斗争中的残酷无情。刘赐的一切政治野心都因事机不密而化为灰烟。这一事件不仅反映了古代宫廷中权力斗争的复杂性，也警示人们，在追求个人或团队利益的同时，必须谨慎权衡各种风险与后果。

事机不密，含恨而死：申屠嘉生死劫

汉景帝即位后，汉家朝堂上两位重臣之间产生了激烈的矛盾。他们是丞相申屠嘉与内史晁错。

申屠嘉在文帝时期便已坐上丞相之位，威望素著。景帝二年（公元前 155 年），晁错因才华出众，深受景帝信任，迅速崛起。

晁错担任内史期间，不仅权力日盛，还频繁向景帝提出变革法令制度的建议，并着手筹划削弱诸侯权力的策略。与此同时，申屠嘉的治政建议却总是不被采纳，这让他深感威胁。

晁错在内史府东门出行不便，于是擅自做主，凿开了一道南门。这道门的位置极为敏感，它直接穿过了太上皇宗庙的外墙。申屠嘉得知此事后，认为这是一个绝佳机会，可以借机除掉晁错。然而，他并未将此事深藏心底，而是四处宣扬，甚至写成奏章，结果不慎泄露了消息，被晁错的门客得知。

晁错的门客迅速将消息传递给了他，晁错吓得连夜入宫，向景帝自首，并详细解释了凿门的原因和过程。

次日早朝，申屠嘉满怀信心地奏请诛杀晁错，不料时机已逝。景帝竟然称晁错所凿之墙并非真正的宗庙墙，而是外围短墙，且此事乃自己授意。申屠嘉的奏请因此被驳回。

退朝后，申屠嘉懊悔不已，对长史长叹："真后悔啊！我竟然没有先诛杀晁错，而是先请奏皇帝，结果反被晁错所欺！"他因气恨难平，最终吐血而亡。

一代老臣，因事机不密，就这样在权力斗争的漩涡中黯然退场。

雷霆手段

晁错与申屠嘉的恩怨纠葛，实际上是一场信息战。申屠嘉虽然掌握了晁错的"罪证"，却因未能保密自己的意图，反而失去了先机，最终功败垂成。这告诉我们，无论是个人还是国家，在处理敏感信息时，都需要高度重视保密问题。一旦信息泄露，就可能陷入被动，甚至导致全局的失败。

马邑之谋：三十万伏兵诱歼匈奴，小小尉史泄密致失败

西汉元光元年（公元前134年），雁门郡马邑城的豪绅聂翁壹通过大行令（官职名）王恢向汉武帝提出了一项大胆的计划：利用匈奴

对汉匈和亲政策下边境和平的错觉，以及对财富的贪婪，诱使匈奴单于率军深入汉境，然后设伏歼灭。

汉武帝对这一计划深感兴趣，并决定付诸实施。

聂翁壹于是被秘密派遣至匈奴，伪装成投降者，承诺杀死马邑的地方官员，将整个城池及城中财物献给单于。单于对此大喜，当即应允。

为了确保行动的可信性，聂翁壹在马邑城头悬挂了一颗死囚的头颅，冒充地方官员的首级，以此作为向匈奴使者展示"投降成果"的证据。

当单于率军接近马邑时，发现野外虽有牲畜却不见人影，心中生疑。于是，他攻打附近的烽火台，俘虏了一名尉史。

这位尉史在单于的审问下透露了汉军在马邑设伏的真相。单于得知后，立即下令撤退，使得三十多万埋伏的大军只能眼睁睁看着猎物

逃走。

而令人啼笑皆非的是，单于带兵退出边塞后，还额手称庆道："我们捉到武州尉史，从而避免了一场大败，真是天意！"于是，这位尉史不但保住了性命，还被单于赐予了一个非常吉祥的称号——天王。

相比之下，王恢的遭遇则十分不幸。他原本计划趁匈奴被伏兵攻击之时，带兵攻击匈奴的后勤部队。然而，单于的撤退使他陷入了两难境地：若是追击，必被单于的精兵所败；若不追击，则任务全盘失败。

王恢权衡再三后，决定撤退以避免不必要的损失。然而，汉武帝却认为其擅自撤退是违背军令的行为，并坚持要严惩不贷。尽管王恢百般辩解，但汉武帝仍不为所动。王恢也曾试图向丞相田蚡献金买命，但田蚡拜托王太后间接求情也未能成功。最终，王恢只好自杀谢罪。

王恢成为这场因泄密而失败的军事行动中最大的牺牲品。

雷霆手段

马邑之谋的失败揭示了情报保密的重要性。聂翁壹所献之计原本是一个不错的策略，若能成功实施，必定能重创匈奴。然而，三十万大军设伏的最高军事机密竟然被一个小小的尉史所知晓，这本身就说明汉朝的保密工作存在严重漏洞。这次军事行动的失败对后世决策者来说，是一次深刻的警示——事以密成，言以泄败，焉可不慎？

鸿门宴上风云变：被项伯改写结局的楚汉风云

秦朝末年，风云激荡。项羽与刘邦互相约定：谁先打入关中，谁就成为新的王。

于是两支兵马分头行动。项羽好不容易打败秦朝猛将章邯，领兵直奔关中，结果一到函谷关，就被刘邦的守军拦下，原来刘邦已入关中。

项羽气冲斗牛，进军戏亭，与刘邦相隔仅四十里。项羽下令，全军准备，埋锅造饭，磨刀擦枪，打刘邦！

令人没想到的是，这个时候，一个人出现在刘邦的营地中，他就是项伯——项羽的叔叔。

项伯和刘邦帐下的谋士张良熟识。项伯杀人逃亡，张良曾仗义相救。救命之恩，自当涌泉相报，所以项伯就偷偷跑到刘邦军中找张良，想带朋友逃跑。

但是张良不肯跑，非但不肯跑，还向刘邦引见项伯。刘邦一听是项羽的叔叔来了，赶紧奉以美酒，百般讨好，甚至和他"约为婚姻"，

霹雳手段

目的只有一个，就是请项伯回去，美言几句，求项羽别打自己。

项伯真就回去替刘邦说好话，项羽真就下令取消第二天的进攻。于是第二天，刘邦来到项羽的军营，仅带樊哙、张良和一百名亲兵，前来向项羽赔罪。

于是，这才有了后世闻名的鸿门宴：公元前206年，咸阳郊外的鸿门，项羽举行宴会，招待刘邦。

项羽的谋士范增在酒宴上屡次示意项羽杀掉刘邦，项羽都视而不见。于是范增出帐找到项庄，要项庄借舞剑之名除去沛公。

结果他一舞，项伯也舞，一个要杀刘邦，一个就护住刘邦。

紧急时刻，张良出帐找到猛士樊哙。樊哙二话不说，带剑拥盾，闯帐而进，历数自家主公仁义，"先破秦入咸阳，毫毛不敢有所近，封闭宫室，还军霸上，以待大王来"，结果项羽还听信谗言，"欲诛有功之人"，说得项羽无言可对。

又坐一会后，刘邦逃席，携樊哙返回自家大营。留下张良善后，分别给项羽和范增送上礼物。项羽收下礼物，范增则把给自己的礼物拔剑撞而破之。

面对项羽的兵锋和酒无好酒、菜无好菜的鸿门宴，幸亏有了项伯的告密，刘邦方才能够有惊无险。而从项羽的角度来说，项伯此举，毁了项家大业。

雷霆手段

项伯之举，无意间在"鸿门宴"这一历史事件中扮演了关键角色。他的告密与护佑，不仅让刘邦得以在项羽的刀下逃生，更在某种程度上改变了楚汉相争的历史走向。然而，从大局来看，项伯的行为无疑是对项家大业的损害，成为历史上一个令人唏嘘的转折点。

召平失果断：一念之间，决断成遗憾

吕后去世后，朝政局势动荡不安。赵王吕禄被任命为上将军，吕王吕产则担任相国，两人都住在长安城中，手握重兵，对朝中大臣构成了极大的威胁。他们暗中策划叛乱，意图颠覆汉朝的统治。

此时，朱虚侯刘章因妻子是吕禄的女儿而得知了这一阴谋。他深知此事关系重大，于是秘密派人逃出长安，向他的哥哥——齐王刘襄报告。刘章提出一个大胆的计划：由齐王发兵西征，而他和东牟侯则作为内应，共同诛杀吕氏族人，并趁机拥立齐王为皇帝。

齐王刘襄听到这个计策后，心中暗自欣喜，认为这是一个难得的机会。他立即与舅父驷钧、郎中令祝午以及中尉魏勃等人暗中商议，准备出兵。

然而，他们的计划却意外地被吕后任命的齐国相召平得知。他深知齐王此举将引发朝廷的动荡，甚至可能危及汉朝的根基。于是，齐王刘襄在调动军队时，他毫不犹豫地出兵围困王宫，意图迫使刘襄放弃出兵。

然而，召平却未曾料到，他即将陷入一场由魏勃精心设计的骗局中。魏勃是齐王的心腹,他找到召平,镇定地说:"大王想发兵,但缺乏朝廷的虎符验证。相君您围住王宫,这本是好事。但考虑到大王的安全,我请求替您领兵护卫齐王。"

召平听后,虽然心中有所疑虑,但最终还是相信了魏勃的话。他认为魏勃是齐王的亲信,应该不会背叛朝廷。于是,他放心地将兵权交给了魏勃。

然而,魏勃领兵后却并未如他所言护卫齐王,而是立即调转枪口,派兵包围了相府。召平得知消息后,顿时恍然大悟,他意识到自己中了魏勃的奸计。他愤怒地感叹道:"唉!道家的话'当断不断,反受其乱'正是如此啊!"在绝望与悔恨中,他选择了自杀身亡。

雷霆手段

召平的轻信与优柔寡断最终导致了他的悲剧结局。他的故事也告诉我们一个深刻的道理:在面对复杂的局势和复杂的人际关系时,我们必须保持清醒的头脑和坚定的立场。只有这样,我们才能避免陷入他人的骗局和陷阱中。而齐王的密谋虽然一度取得了进展,但最终也未能如愿以偿。这场历史风波虽然已经过去千年,但它留给我们的教训和启示却很长远。

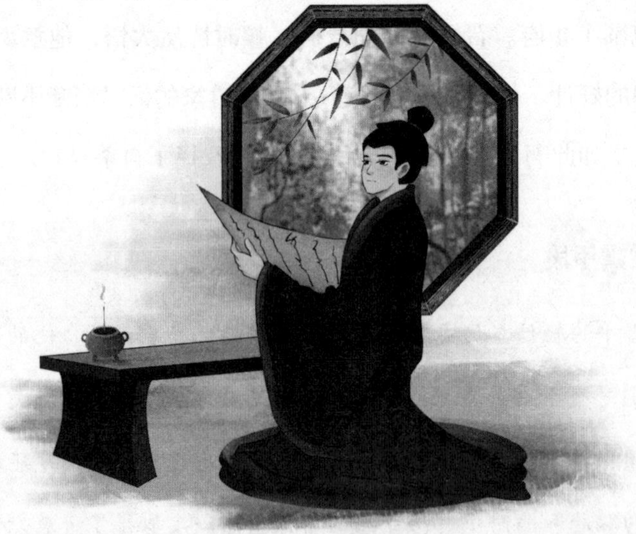

第五章
霸王硬上弓，信在威中求
——用出格的手段推动新策的施行

世事如棋，局局新。在某些关键时刻，霸王硬上弓，信在威中求，用出格却有效的手段推动新策施行，方能破冰前行。

孙武军令如山：杀姬立威，震撼三军

孙子，名武，乃齐国之智士，以其深邃的兵法造诣，赢得了吴王阖闾的青睐。

一日，阖闾对孙子言道："吾已细读数遍您那十三篇兵法奇著，不知可否小试牛刀，于军中初试锋芒？"孙子微微一笑，答曰："自当可以。"

阖闾好奇心起，又问："若以女子为兵，亦可行否？"孙子神色不变，从容应允。

于是，阖闾欣然召来宫中百八十名佳丽，交由孙子操练。

孙子将这些如花似玉的女子分为两队，并令吴王最为宠爱的两位侍妾分别担任队长，人手一戟，英姿飒爽。他高声问道："尔等可知心之所在、手足之分、背之所向？"女子们娇声齐答："知之。"

孙子随即发布号令："前则心向，左则手左，右则手右，后则背对。"女子们纷纷点头，表示明白。然而，当孙子击鼓发令，让她们向右时，女子们却忍不住笑出声来，场面一时失控。

孙子眉头微皱，道："号令不明，纪律不严，此吾之过也。"他再次重申号令，然后击鼓让她们向左，女子们却仍旧嬉笑不止。

孙子面色一沉，言道："如今号令已明，而尔等不遵，此乃军中之大忌，非吾之过也。"言罢，他下令斩杀两队队长。

此时，吴王阖闾正在高台上观看，见孙子要杀自己的爱妾，大惊失色，连忙派使者前去求情："寡人已知将军善用兵，此二妾乃寡人心头所爱，若失之，则食不甘味。望将军高抬贵手，饶她们一命。"孙子却坚定地说："吾已受命为将，将在外，君命有所不受。"说罢，坚决将两名队长斩杀，两个美人香消玉殒。

随后，孙子分别任命两队中的第二人为队长，再次击鼓发令。这一次，女子们无论向左向右、向前向后、跪倒站起，皆如臂使指，纪律严明，再无人敢出声。

孙子派使者向吴王报告："队伍已整，大王可下台验看。如今她们已如铁军一般，赴汤蹈火亦在所不辞。"

此后，吴王阖闾对孙子委以重任，让他担任将军。吴国在孙子的辅佐下，威震诸侯。孙子更以卓越的军事才能，为吴国立下了赫赫战功。

霹雳手段

在训练宫女这一特殊情境下，面对一群对军事纪律毫无概念的柔弱女子，孙武果断采取极端手段，以雷霆之势树立了纪律的权威。这不仅迅速改变了宫女们的态度，更让她们深刻体会到军事命令的严肃性与不可违抗性，从而在短时间内形成了一支纪律严明、行动一致的队伍。

他通过这一事件，向所有人传达了一个明确的信息：在军队中，纪律高于一切，无论身份地位如何，都必须严格遵守。这种理念，对于维护军队的凝聚力和战斗力具有深远的意义。

司马穰苴铁血立威：一刃断庄贾，令军纪如铁

在齐景公时代，晋国与燕国如同两头凶猛的野兽，对齐国虎视眈眈。晋国大军压境，连下东阿、甄城两城；而燕国也不甘落后，侵扰着齐国黄河南岸的领土。齐国军队在这两国的夹击之下，连连败退，齐景公为此忧心忡忡，夜不能寐。

在这危急关头，晏婴向齐景公举荐了一位名不见经传的人物——田穰苴。一番深谈之后，齐景公被田穰苴的军事见解深深折服，当即决定任命他为将军，率兵抵御外敌。

然而，田穰苴深知自己地位卑微，难以服众，便请求齐景公派遣一位德高望重的大臣作为监军。齐景公欣然应允，派出了宠臣庄贾。

田穰苴与庄贾约定，次日正午在军营门口会合。第二日，田穰苴早早来到军营，立起了计时木表和漏壶，耐心等待庄贾的到来。然而，庄贾却仗着自己的身份和地位，迟迟未到。他沉浸在亲朋好友的饯行宴中，对即将到来的战事毫不在意。

正午已过，庄贾仍未现身。田穰苴果断地打倒了木表，摔破了漏

壶，进入军营，开始整饬军队。他巡视营地，发布规章号令，严明军纪。等到庄贾姗姗来迟时，田穰苴已布署完毕。

面对庄贾的迟到，田穰苴毫不留情地指出："身为将领，从接受命令的那一刻起，就应忘却家庭；宣布规定号令后，就应忘却私情；擂鼓进军时，更应忘却生死。如今敌人已深入国境，战士们在前线浴血奋战，国君寝食难安，百姓的生命悬于一线，你却只顾宴饮作乐！"

说完，把军法官叫来，问道："军法上，对约定时刻迟到的人应当怎样处罚？"军法官说："应当斩首。"

庄贾吓得魂飞魄散，赶紧派人飞马报知齐景公，请他搭救。但是，不等报信的人返回，田穰苴已把庄贾斩首，全军将士无不震惊。

不久，齐景公的使者手持节符，车马飞奔，直入军营。田穰苴却不为所动，他说道："将领在军队中，对国君的命令，有的可以不接受。"

然后，他又再次询问军法官："驾着车马在军营里奔驰，军法上是怎么规定的？"

军法官说："应当斩首。"

使者吓得魂飞魄散。

没想到，田穰苴却说："国君的使者不能斩首。"

不过，他也没有轻饶这次闯营行动，斩了使者的仆从，砍断了左边的夹车木，杀死了左边驾车的马，向三军巡行示众，以示军纪严明，军威不可犯。

然后，田穰苴让使者回去向齐景公报告，自己领军出发。在田穰苴的率领下，军队士气高昂、纪律严明。晋国军队得知此事后，吓得连忙撤军；而燕国军队也在渡黄河向北撤退时分散松懈，被齐国军队趁机追击，收复了所有沦陷的领土。

田穰苴凯旋而归，齐王郊迎，官至大司马。

霹雳手段

　　田穰苴通过斩首庄贾、严惩使者仆从等极端手段，树立了军纪的权威，让士兵们深刻认识到纪律的重要性，从而确保了军队在战场上的高度统一和协调。这种严格的纪律观念不仅确保了军队的战斗力，也提高了士兵们的责任感和使命感。

他的雷霆之举不仅确保了齐国在战场上的胜利,也为后世军事家提供了宝贵的经验和启示。

申屠嘉智斗邓通：朝堂风云，一场惊心动魄的吓阻大戏

在汉朝的辉煌岁月里，有一位名叫申屠嘉的丞相，他以廉洁正直闻名于世，家中从不接纳私事拜访，门庭若市与他无缘。他就如同一股清流，用他的智慧和公正，守护着大汉尊荣。

彼时，太中大夫邓通，因受皇上宠爱，其财富之巨，难以用数字衡量，汉文帝对他的恩宠让整个京城都为之侧目，甚至跑到他的家里，与他把臂言欢，共同饮酒作乐。

一日，申屠嘉与皇上奏对，邓通作为近臣，就站在龙椅之侧，对于堂堂丞相，却于不经意间流露出怠慢之色。

申屠嘉奏完国事后，直言进谏："陛下爱臣如子，赐其富贵，此乃人之常情。然而，朝堂之上，礼法森严，不容臣下有丝毫懈怠。"

文帝闻言，竟然直抒胸臆："爱卿不必再说，我对邓通就是偏爱。"

邓通微微一笑，神色看似谦逊，实则自得。

没想到申屠嘉回到相府，竟然一纸令下，要求邓通即刻前来，否则，必将斩尔项上人头。

邓通闻讯，如坠冰窖，急急忙忙入宫求见他的保护伞——汉文帝。汉文帝倒也并不相信申屠嘉会真的杀掉邓通，无非是吓唬他一通而已。不过，看他实在怕得可怜，不由好生安慰："你只管去，没事的，我一会儿就派人把你叫回来。"

邓通无奈，只好满怀忐忑，踏入相府。此时，他不复站在汉文帝身边时的骄慢神情，嚣张不在，满腹惶恐，扑通跪倒在地，脱鞋摘帽，以额触地，向申屠嘉请罪。

申屠嘉才不会待之以礼，他端坐高堂，厉声斥责："朝堂者，高祖所立，非儿戏之地。你邓通不过一介微臣，竟敢于大殿之上放肆无礼，此乃大不敬之罪，来人，把他推下去，斩！"

这一道惊天霹雳砸在邓通头上，吓得他魄散魂飞，叩头如捣蒜，额头直磕得血肉模糊，口中语无伦次，求饶不止。申屠嘉理都不理。

汉文帝估摸着丞相的气撒得差不多了，邓通也差不多吃足了苦头，于是，派使者手持节旄，匆匆赶来，向丞相致歉，请他饶恕邓通，毕竟这是自己的亲昵之臣啊。

申屠嘉这才放邓通跟使者回宫。

邓通在鬼门关前走了一遭，直吓得骨酥筋软，手脚如泥，勉强支持着回到宫里，见到皇帝，泪如雨下，倾诉委屈："丞相差点要了我的命啊！"

整个朝廷为之震动，大家都更加敬畏申屠嘉的公正与无畏，而邓通大大收敛了他往日的嚣张举止。

> **雷霆手段**
>
> 这场智斗中，申屠嘉以雷霆之势，让邓通深刻体会到了朝廷法度的威严与不可侵犯，从而显示了自己的刚正不阿的直臣风范与政治智慧，以其坚定的立场和无私的品格，赢得了朝野上下的尊敬与赞誉。

商鞅变法风云：以太子为筏，掀起历史巨澜

为了推动国家发展，秦孝公任命商鞅在国内进行变法。

但是商鞅变法的刀太快，削得贵族太狠，很招上层阶级的恨。秦孝公的太子也是恨他的一个，而且也是心里不怕他和不在乎他的一个。于是太子就犯法了。

——他总不能把太子干掉，太子可是下一任的国君呢。

怎么办？

商鞅想，我治不了太子，连太子身边的人也治不了吗？

太子犯罪，难道不是太子身边的人失职吗？

尤其是太子的老师，太子犯罪，你这个老师是怎么当的？

所以，"刑其傅，黥其师"。对太子太傅公子虔处以刑罚，对太子太师公孙贾处以"黥"刑——"黥"就是在脸上或者脑门上刻上字，然后涂上墨炭，一出门大家都知道这是一个犯过罪的人。洗都洗不掉，一辈子的耻辱。

结果这个公子虔几年后，又触犯了商鞅新法。商鞅也没客气，这次干脆把他的鼻子给削掉了。这就是劓刑。

公子虔受刑后，八年没出过门。

自己的两个老师，一个没了鼻子，一个脸上刻了字，这对于太子是多么响亮的耳光；对于秦国的举国上下，又是多么严厉的震慑。

太子因为自己触犯了新法，以致两个老师代自己受过；后来老师又触犯了新法，也不能因为太子而受到豁免。别的人还怎么敢对新法不当回事呢？

所以，新法就这么雷厉风行、不打折扣地施行下去了。秦国军队的战力迅速增强，国力迅速增强，各方面实力都迅速增强。这个实力本来较弱的国家，很快成为七国翘楚。

霹雳手段

为自己的施政方针找一个最引人注目的目标，在这个目标身上落实自己推行的政策，使天下人都能看到，都能有所启发，于是推行起来就容易多了。这就是商鞅的办法。而挟大势以雷霆之威杀鸡儆猴永远是最有效的手段，从而使得政策方针能够以最快速度实施。

铁血平定嫪毐之乱：一统六合的王者之怒

在秦国，一位年轻的君主——秦王政，坐上了那至高无上的位置。然而，他刚即位时，正值年少，朝堂内外暗流涌动。相国吕不韦这位权倾一时的重臣，竟与太后有着不为人知的私情。随着时间的推移，吕不韦深恐此事一旦败露，会引来滔天大祸。于是，他私下寻觅了一个名叫嫪毐的年轻男子，将其伪装成宦官，献给了太后。

嫪毐凭借其英俊的外表和健硕的体魄，迅速赢得了太后的宠爱。太后，不仅将他封为长信侯，还赐予他山阳之地和河西太郡作为封地。嫪毐的权势因此迅速膨胀。

权力的诱惑往往伴随着危险的阴影。公元前238年，秦王政举行了盛大的加冠礼，正式宣告了他的成年，马上就要真正执掌权柄。就在这关键时刻，一场由嫪毐策划的叛乱却悄然逼近。

嫪毐盗用了秦王的大印和太后的印玺，调动京城部队和侍卫、官骑、戎狄族首领以及家臣，企图攻打嬴政举行加冠礼的蕲年宫，发动叛乱。

然而，年轻的秦王政并未被这突如其来的叛乱所吓倒。他迅速调集军队，命令相国昌平君、昌文君发兵攻击嫪毐。在咸阳城下，双方展开了激烈的战斗，秦军将士们奋勇杀敌。

在秦军的猛攻之下，嫪毐等人渐渐败退。秦王政当即通令全国：如谁活捉到嫪毐，赐给赏钱一百万；杀掉他，赐给赏钱五十万。这一悬赏令迅速传遍了秦国的大街小巷。

最终，在秦军的围追堵截下，嫪毐等人全部被抓获。卫尉竭、内史肆、佐弋竭、中大夫令齐等二十人，因参与叛乱被判处枭刑，他们的头颅被高高地悬挂在木竿上，以示秦法的威严。而嫪毐，这位曾经的权臣，则被处以五马分尸的车裂之刑，他的家族也被灭族。

霹雳手段

嫪毐的叛乱成为刚刚成年的嬴政执掌权柄的磨刀石，他的雷霆手段成功稳固了自己的统治地位，用自己的行动证明了年轻并不意味着软弱无能，而意味着有更多的可能性和力量去改变世界。从此，秦王政一步步逐渐实现了统一六国的伟大抱负。

霹雳手段

秦始皇烈焰焚书：千古一帝的荒唐抉择

在秦朝统一六国、建立中央集权制度后，秦始皇为了巩固自己的统治地位，采取了一系列措施。其中，焚书事件是极具争议和历史影响的一次行动。

故事发生在咸阳宫内的一场酒宴上，七十位博士上前为秦始皇献酒颂祝寿辞。其中，仆射周青臣颂扬了秦始皇的丰功伟绩，称赞他平定天下、驱逐蛮夷，使日月所照耀的地方都臣服于秦。周青臣还特别提到，秦始皇将诸侯国改置为郡县，使得百姓安居乐业，功业可以传之万代。秦始皇听后非常高兴。

然而，并非所有人都对秦始皇的统治持颂扬态度。博士齐人淳于越便提出了不同的看法。他认为，殷朝和周朝之所以能够统治天下达一千多年，是因为他们分封子弟功臣作为辅佐。而现在秦始皇拥有天下，却让自己的子弟成为平民百姓，这在他看来是非常危险的。淳于越担心，一旦出现像齐国田常、晋国六卿那样谋杀君主的臣子，没有辅佐的秦始皇将如何应对。他还指出，凡事不师法古人而能长久的例子，他还没有听说过。因此，他认为周青臣的阿谀奉承只会加重秦始皇的过失，不是忠臣所为。

秦始皇将这两人的意见交给群臣议论。丞相李斯则站出来对淳于越的观点进行了反驳。李斯认为，五帝的制度不是一代重复一代，夏、商、周的制度也不是一代因袭一代，而是由于时代变了，情况不同了。他强调，现在秦始皇已经开创了大业，建立起万世不朽之功，这是愚陋的儒生所无法理解的。李斯还指出，儒生们不学习今天的法令，却去效法古代的制度，以此来诽谤当世，惑乱民心。

为了维护统治的稳定和统一思想的需要，李斯向秦始皇建议采取焚书的措施。他请求让史官把不是秦国的典籍全部焚毁，除博士官署所掌管的之外，天下敢有收藏《诗》《书》及诸子百家著作的，全都送到地方官那里去一起烧掉。对于敢在一块儿谈议《诗》《书》的，处以死刑示众；借古非今的，满门抄斩。官吏如果知道而不举报，也以同罪论处。此外，李斯还规定了一些不取缔的书籍种类，如医药、占卜、种植等。如果有人想要学习法令，就以官吏为师。

秦始皇接受了李斯的建议，并下诏实施。于是，一场大规模的焚书运动在秦朝境内展开。这场焚书运动对古代文化造成了不可挽回的破坏，虽然对维护秦朝统治发挥了些许作用，但明显是过远远大于功。

霹雳手段

秦始皇的雷霆焚书是中国历史上一次极具破坏性的文化事件，短期内加强了思想控制，巩固了中央集权，但长远来看，却是对传统文化多样性的极大破坏，导致大量珍贵文化遗产的流失。焚书事件不仅扼杀了思想自由，也阻碍了社会的进步和创新。

不过，他一举焚书的举动，也向世人昭示了他所具备的雷霆之力，压制了不安定的人心。

秦始皇雷霆一怒，万千儒生成冤魂

秦始皇为了寻求长生不老之术，广招方士，其中包括侯生与卢生。这两位方士原本被秦始皇寄予厚望，希望他们能炼造仙丹，寻找奇药，以助秦始皇永葆青春，长生不老。

然而，侯生与卢生在经过一段时间的观察后，发现秦始皇天性凶狠，自以为是，且对权力极度贪婪。他们担心，一旦为秦始皇寻找仙药失败，必将遭受严厉的惩罚。于是，两人决定逃离，以避灾祸。

秦始皇得知二人逃跑的消息后，雷霆震怒。他回想起自己为了振兴太平，曾经查收了天下所有与秦朝严苛法令不符的书籍并予以焚烧，又征召了大批博学之士和有各种技艺的方术之士。然而，这些方士不仅未能为他炼造出仙丹，反而有人逃跑，有人非法谋利，甚至有人诽谤他，企图加重他的无德之名。

愤怒之下，秦始皇决定采取严厉措施。他派御吏去一一审查那些与侯生、卢生有过接触的人，并让他们互相揭发。结果，一共查出四百六十多人，这些人被全部活埋在咸阳，以示惩戒。

霹雳手段

这一事件，被后世称为"坑儒"。它不仅是对那些敢于直言进谏、敢于批评秦始皇的人的残酷镇压，更是对中国古代文化的一次沉重打击。秦始皇的雷霆一怒，不仅未能让他找到长生不老之术，反而让他的统治更加残暴，更加不得人心。这也为秦朝后来的覆灭埋下了伏笔。但是，在短时期内，秦始皇却利用这种酷烈的手段为自己树立了凛然不可侵犯的威严形象，威加海内，压制异动，使得动乱只能在他身故之后才能暴发。

彭越铁血立威，乱世枭雄的霸业启程

在昌邑这片古老而肥沃的土地上，生活着一位名叫彭越的渔夫，别号彭仲。他常年在钜野的广阔湖泽中捕鱼为生，还伙同一帮人做强盗。

霹雳手段

当陈胜、项梁高举反秦义旗，天下英雄纷纷响应之时，钜野湖泽中的这群人也心潮澎湃，他们找到了彭越，满怀期待地说："彭大哥，你看现在天下大乱，豪杰们都争相树起旗号，反抗秦朝。你也是个响当当的人物，不如咱们也效仿他们，干出一番事业来！"

彭越闻言，微微一笑："现在局势尚不明朗，犹如两条巨龙正在激烈搏斗，胜负未分。我们还是稍安勿躁，静待时机吧。"

就这样，彭越选择了等待。然而，他的名声和威望却在湖泽中悄然传播开来，越来越多的人开始敬仰他，愿意追随他。

一年多以后，已经聚集了一百多号人，他们再次找到了彭越，言辞恳切地说："彭大哥，现在时机已经成熟，请你做我们的首领，带领我们干出一番事业吧！"

彭越依然婉言谢绝了众人的请求："我不过是个打鱼的，哪里有能力做你们的首领呢？"

但年轻人们执意请求，甚至以死相逼。彭越见众人如此执着，终于被他们的诚意所打动，点头答应了。

为了树立威信，彭越与众人约定，明天太阳升起时集合，迟到者将受到严厉的惩罚——杀头。

第二天清晨，当第一缕阳光洒满湖泽时，众人纷纷赶来集合。然而，还是有十多个人迟到了，最后一个人更是直到中午才姗姗来迟。

彭越见状，脸上露出了一丝歉意："我彭越不过是个打鱼的粗人，承蒙各位兄弟抬爱，让我做了首领。但现在我们约定好了时间，却有很多人迟到，这让我很为难。我不能把迟到的人都杀了，但也不能不惩罚。这样吧，就杀最后来的那个人吧。"

说完，他命令身旁的人将最后来的那个人拖出去斩首。众人见状，都笑了起来，纷纷劝说："彭大哥，何必这样呢？我们今后不敢再迟到了，你饶了他吧。"

但彭越却不为所动，他坚定地摇了摇头："军令如山，不可儿戏。今日若不惩罚，日后何以立威？"

于是，那个最后来集合的年轻人被当众斩首。彭越在湖边设下土坛，用人头祭奠天地和先祖，并号令所属众人。众人都被彭越的果断和威严所震撼，没有谁敢再抬头看他一眼。

从此，彭越带领着这群年轻人踏上征途，开启乱世枭雄的霸业人生。

霹雳手段

在那个英雄辈出的时代，要凝聚人心、树立威信，必须采取非常手段。彭越以渔翁之身崛起于乱世，其杀人立威之举，彰显了他作为领袖的决断与魄力。

他通过严惩迟到者，不仅维护了军纪的严明，更向众人展示了他的铁腕与决心。这一举动虽然绝情而血腥，却为彭越日后的领导地位奠定了坚实的基础。

他的雷霆行动，虽非仁义之道，但在那个乱世之中，却是一种必要的政治手腕，让人不禁感叹其非凡的领导力与战略眼光。

项羽狂澜：斩落卿子冠军的霸绝瞬间

在汉末的烽火烟尘中，项羽以其非凡的勇气和决断力，上演了一出诛杀卿子冠军宋义的壮举。

项梁在定陶之战中不幸战死，楚军士气受挫。楚怀王心里害怕，从盱台前往彭城，合并项羽、吕臣的军队亲自统率。

此时，秦军趁势北进，大败赵军，赵王歇、大将陈余、国相张耳被困于钜鹿。楚怀王意图北上救赵。倍受楚怀王信任与倚重的卿子冠军宋义被任命为上将军，项羽为次将，范增为末将，共同领军出征。

然而，卿子冠军宋义却在安阳停滞不前，长达四十六日。他目空一切，听不见任何谏言，只一味主张坐观秦、赵相斗，待秦军疲惫再出击。同时不忘私自派儿子宋襄前往齐国为相，他置办酒宴，大会宾客，为儿子送行，全然不顾军中士卒饥寒交迫，士气低落。

项羽对此深感不满，他认为正值荒年，百姓困苦，士卒食不果腹，而宋义却置国家安危于不顾，只顾谋取私利。项羽深知，此刻的楚军，亟需一场胜利来提振士气，而宋义的拖延战术，无疑是在消耗楚军的战斗力，就是在延误战机。

于是，项羽在忍无可忍之下，早晨去参见上将军时，以迅雷不及掩耳之势，于军帐中果断斩杀了宋义，并向全军宣布："宋义和齐国同谋反楚，楚王密令我处死他。"

这一举动，不仅震惊了全军，也让将领们对项羽的勇气和决断力刮目相看。他们纷纷表示支持项羽，立项羽为代理上将军，共同抗秦。

项羽随即派人追赶并诛杀了宋义的儿子宋襄，又派桓楚向楚怀王报告。面对项羽的雷霆行动，楚怀王虽感无奈，但也不得不承认项羽的军事才能和领导力，最终任命项羽为上将军，当阳君、蒲将军等部均归项羽统领。

霹雳手段

项羽诛杀宋义，不仅是对宋义个人私欲和军事失误的严厉惩处，更是对楚军士气的一次巨大提振。在项羽的带领下，楚军士气大振，他们迅速北上，与赵军合力，最终在钜鹿之战中大败秦军，为推翻暴秦的统治奠定了坚实基础。

霹雳手段

> 项羽诛杀卿子冠军宋义的事件，不仅是一段惊心动魄的历史，更是一堂生动的领导力课程。它告诉我们，在关键时刻，领导者应具备果断的决策力和非凡的执行力，才能带领团队走向胜利。

第六章
亦刚亦柔，亦正亦邪
——有智谋加持的手段才容易成功

世间万物，刚柔并济，正邪相依。在追求成功的道路上，唯有亦刚亦柔、亦正亦邪的手段，辅以深邃智谋，方能无往不利。

吴起末路狂澜：至死亦要拉人共赴黄泉

在春秋战国那风起云涌的年代，楚国，这个南方大国，迎来了一位铁腕的改革者——吴起。楚悼王，一位渴望变革的君主，对吴起这位贤能之士闻名已久。于是，吴起一到楚国，便被委以重任，出任国相。

吴起立法明确，执法如山，令出必行，使得楚国朝政焕然一新。他大刀阔斧地裁减冗员，停止了对疏远王族的按例供给，将这些节省下来的资源全部用于训练战士，加强军事力量。

在他的治理下，楚国迅速崛起，成为诸侯国中的佼佼者。他向南平定了百越，向北吞并了陈国和蔡国，还成功打退了韩、赵、魏三国的联合进攻。向西，他又率军讨伐秦国，使楚国威震四方。

然而，这强大的背后，却隐藏着深深的危机。那些被吴起停止供给的疏远王族，心中充满了怨恨。他们暗中勾结，等待机会，企图谋害吴起。终于，在楚悼王驾崩的那一刻，他们发动了叛乱。

吴起陷入绝境，四处奔逃，最终逃到了楚王停尸的地方。他深知，自己已无处可逃，但他不甘心就这样死去。于是，他做出了一个惊人的决定——他要拉着那些叛贼一起陪葬！

于是吴起俯伏在悼王的尸体上，那些叛贼趁机用箭射他。然而，由于吴起紧贴悼王的尸体，他们的箭也射中了悼王的尸体。这一举动，不仅让吴起死得悲壮，更让那些叛贼陷入了深深的恐惧之中。

等悼王安葬以后，太子即位。新任下令彻查此事，将所有在射杀吴起同时射中悼王尸体的人全部处死。这一命令，让那些叛贼家族付出了惨痛的代价。七十多家因射杀吴起而被灭族，他们的鲜血染红了楚国的土地。

吴起，这位昔日的军事奇才，虽然最终未能逃脱一死，但他却以自己的智慧和勇气，为自己报了仇，也为楚国留下了一段传奇。

霹雳手段

吴起在面临生死存亡之际，展现出了一种决绝而冷酷的智慧。他利用自己最后的生命，以死也要拉人垫背的雷霆手段，不仅为自己报了仇，也沉重打击了那些反对改革的势力。这种手段虽然残忍，但处在乱世之中，以一种极端的方式维护了自己的尊严和改革成果。

齐国雄风：混水摸鱼，铁骑踏燕，霸土尽收囊中

在战国这个风起云涌的时代，诸侯争霸，战火连天。各国之间为了争夺领土和资源，频繁发生战争。而齐国一直渴望在乱世中崭露头角，成就一番霸业。

公元前380年，秦国和魏国联手向韩国发起了猛烈的进攻。韩国，这个曾经辉煌一时的国家，如今却陷入了前所未有的危机之中。面对强敌压境，韩国只能向齐国这个昔日的盟友求救。

此时的齐国，正处于国力鼎盛的时期。齐桓公田午，一位雄心勃勃的君主，他渴望在战国这个舞台上展现自己的智慧和勇气。面对韩国的求救，他召集了国内的智者和大臣们，共同商讨对策。

朝堂之上，群臣各抒己见。

驺忌率先发言："大王，韩国之危，非我之力所能及，不如坐观其变。"

段干朋则持不同意见："大王，韩国若亡，魏国势力必将大增，对我齐国不利。不如出兵救援，以彰显我齐国威名。"

田臣思微微一笑，胸有成竹地说道："二位大人所言皆有其理，但均未洞察天机。秦、魏攻韩，楚、赵岂会坐视不理？此乃天赐良机，让齐国得以浑水摸鱼。大王可暗中许诺援韩，实则按兵不动，待楚、赵出兵之时，我齐国铁骑可趁机北上，直取燕国桑丘。"

桓公闻言，拍案叫绝："妙计！真乃妙计！"于是，他暗中告知韩国使者，齐国必将出兵相救。

韩国得此消息，信心大增，与秦、魏联军展开了殊死搏斗。而楚、赵两国亦不甘示弱，纷纷发兵救援。就在此时，齐国大军却如神兵天降，突袭燕国，一举占领了桑丘。

霹雳手段

在秦、魏攻韩，诸侯纷争的复杂局势下，齐国能够成功地迷惑对手，为后续的突袭行动赢得了宝贵的准备时间。而当楚、赵两国出兵救援韩国之时，齐国大军犹如神兵天降，一举占领了燕国的桑丘，不仅削弱了燕国的实力，更在诸侯国中树立了齐国的威名。

> 此次行动的成功,不仅彰显了齐国强大的军事实力,更体现了其灵活多变的战略思维。齐国的这次雷霆手段,堪称战国乱世中的一次经典之作。

齐威王霸业始鸣:一令震九州,王者之风惊世现

在战国这片烽火连天的时空中,齐威王初登王位,却似一位置身事外的旁观者,将国事全权交由卿大夫打理。齐威王彻夜饮酒,逸乐无度,沉溺于酒色中,而不治理政事。

九年间,朝中百官荒淫,政治败坏,诸侯都来侵略,国家的危亡就在旦夕之间。

齐王左右的人都不敢进谏。淳于髡用隐语进谏说:"都城中有一只大鸟,落在国王的朝廷中。这只鸟三年来不飞,也不叫。请问国王知道这是什么鸟吗?"

威王说:"这只鸟不飞则已,一飞就冲上云霄;不叫则已,一叫就使人震惊。"

然后,齐威王召见了即墨大夫,这位在地方上默默耕耘、却饱受诽谤的忠臣。

"即墨大夫，"威王语重心长地说道，"自你治理即墨以来，诽谤你的言论不绝于耳。但我派人实地考察，却发现那里田野得到开发，百姓生活富足，官府清廉高效，齐国的东方因你而安定。原来，是你不会阿谀奉承，以求得那些小人的赞扬啊！"说完，威王当即封给他一万户食邑，以示嘉奖。

紧接着，威王又召见了阿城大夫，这位看似风光无限、实则败政连连的官员。威王怒斥道："你治理阿城期间，赞美之词不绝于耳。但我派人实地考察，却发现那里田野荒废，百姓贫苦。赵国进攻甄城，你未能及时援救；卫国夺取薛陵，你竟毫不知情。原来，是你用财物贿赂我的左右，以求得那些虚假的赞扬！"当天，阿城大夫及其党羽便被烹杀，以示警戒。

这一雷霆手段，震惊了朝野上下。威王借此机会，发兵西进，攻打赵、卫两国，并在浊泽大败魏军，围困了魏惠王。魏惠王迫于无奈，只能献出观城以求和。赵国人也归还了齐国的长城。

这一系列胜利，让齐国全国震惊。百姓们看到了威王的决心和能力，纷纷振作起来，努力表现出他们的忠诚和才干。齐国在威王的治理下，逐渐恢复了元气，国力蒸蒸日上。

诸侯们听闻齐国的变化，无不心惊胆战。他们深知，如今的齐国已非昔日可比，再也不敢轻易对齐国用兵。就这样，齐国在威王的带领下，迎来了长达二十多年的和平与繁荣。

> **霹雳手段**
>
> 齐威王不鸣则已，一鸣惊人。他通过明辨是非，严惩贪腐，不仅整肃了朝纲，更激发了百姓的忠诚与才干。这一举措，不仅使齐国迅速恢复了国力，更在诸侯国中树立了威严。齐威王的这一雷霆手段，展现了他作为一代明君的果敢与睿智，更为后世留下了宝贵的治国经验。

白起冷血风暴：坑杀降卒，战神的残酷抉择

战国末年，烽火连天，英雄辈出。白起，一位出身于秦国郿邑的军事奇才，以其卓越的军事才能和冷酷无情的作战风格，成为令六国闻风丧胆的战神。

公元前260年，秦赵两国在长平交战，双方投入兵力超过百万，成为战国时期规模最大、最惨烈的战役之一。

战争初期，赵国派遣老将廉颇迎战秦军。廉颇采取稳重的保守策略，坚守不出，使得秦军无法取得突破。然而，赵王对廉颇的战术不满，最终决定将其替换为年轻且缺乏实战经验的赵括。

赵括接任主帅后，急于求胜，改变了廉颇的保守策略，主动出击。

白起利用赵括的急躁心理,佯装失败,引诱赵军深入秦军阵地。

赵军深入秦军阵地后,白起迅速反击,将赵军包围。赵军粮道被切断,陷入饥饿和绝望之中。

经过46天的围困,赵军士兵因缺乏粮食而相互残杀,早已失去了斗志和组织能力。最终,赵括决定投降。

然而,白起深知这些降卒可能会反复无常,成为秦国未来的威胁。因此,他决定将这些降卒全部坑杀,只留下几百名年轻士兵以散布这个令人恐慌的消息。

这一决定,对于白起来说,或许是从军事战略上考虑的。他深知,一旦放走这些降卒,赵国将很快恢复元气,对秦国构成威胁。然而,这一冷酷无情的做法,也让白起在历史上留下了不可抹去的污点。四十万降卒的生命,在他眼中似乎只是冰冷的数字,是为了秦国统一大业的必要牺牲。

白起坑杀四十万降卒的做法过于残酷无情,违背了人性与道德,让他的声誉受到了极大的损害,他被后人称为"杀神",成为了历史上最具争议的人物之一。

霹雳手段

白起坑杀四十万降卒的事件是战国末年长平之战中的一个重要转折点。它在加速秦国统一六国进程的同时,也引发了后世对战争与道德、人性与利益的深刻反思。

> 白起的一生，就像是一把双刃剑。他既是秦国统一六国的功臣，也是春秋战国时期最大的屠杀者之一。他的军事才能，令人叹服；他的冷酷无情，令人恐惧。

商鞅诡谋：诱捕公子卬，变法风云中的智勇交锋

在战国七雄并立的动荡年代，秦国地处西陲，虽有雄心壮志，但长期受制于强邻魏国的压制。然而，随着时间的推移，魏国逐渐走向衰落，而秦国则在秦孝公的励精图治下，逐渐崛起。

一位名叫卫鞅的士子来到秦国，向秦孝公提出了一个大胆的策略：利用魏国当前的困境，一举攻取河西之地，从而奠定秦国东进的基础。他慷慨陈词，分析了秦魏之间的利害关系："秦魏相邻，犹如心腹之疾，非此即彼，势不两立。魏国虽强，但近年来屡遭齐国等国的打击，已呈衰落之势。而我们秦国在您的英明领导下，国力日盛，正可趁此良机，一举攻取河西之地，占据地利，进而东进中原，一统天下。"

秦孝公听后，深感卫鞅言之有理，任命他为将军，率军攻打魏国。

魏国得知秦国来犯，急忙调兵遣将，派公子卬领兵迎战。公子卬，身为魏国宗室，久经沙场，勇猛善战。

两军对峙之际，卫鞅突然派人给公子卬送来了一封信。信中言辞恳切，回忆了两人昔日的友情，并表达了不愿相互攻伐的意愿。

原来，卫鞅原是卫国人，后来到魏国效力，但并未得到重用。在魏国期间，他结识了公子卬。公子卬是魏国的名将，也是魏惠王的同母弟弟，两人同在公叔痤门下学习，二人是同门师兄弟。

卫鞅提议，双方可以会盟，订立盟约，然后各自撤军，以保秦魏两国相安无事。公子卬被打动，认为这是一个化解两国恩怨的良机。于是，他欣然同意会盟，并带着少数随从前往赴约。

然而，会盟当天，双方把酒言欢，气氛融洽之时，卫鞅突然下令埋伏的士兵发起攻击。公子卬措手不及，被俘虏。与此同时，秦军趁机发动总攻，一举击溃了魏军。

魏惠王得知消息后，惊恐万分，担心秦国乘胜追击，不得不割让河西之地给秦国，以求媾和。同时，为了避开秦国的锋芒，魏国不得不迁都大梁。

卫鞅打败魏军后，凯旋而归。秦孝公为了表彰他的功绩，特意将於、商等十五个邑封给了他，并赐号"商君"。从此，卫鞅便以"商鞅"之名闻名于世。

霹雳手段

卫鞅利用与公子卬的旧日友情，巧妙设下计谋，在会盟之际突然发难，一举将公子卬及其随从俘虏，从而扭转了战局，为秦国夺取了

> 河西之地。这一行动揭示了战国时期政治斗争的残酷与无情。卫鞅的这一举动，不仅为秦国日后的统一大业奠定了坚实基础，也在历史上留下了浓墨重彩却又褒贬难辨的一笔。

张良谋定天下：峣关奇袭，一战成名

在秦末乱世中，一场精心策划的奇谋在峣关悄然上演。

彼时，刘邦怀揣着问鼎天下的雄心，欲以区区两万人马，挑战秦朝重兵把守的峣关天险。峣关，作为秦朝的重要关隘之一，地势险要，易守难攻。

面对这看似不可能完成的任务，张良展现出了他超凡脱俗的智慧与胆略。

他向刘邦献上自己第一步计策："峣关守将出身屠户之家，市井之徒，易于以利诱之。臣建议，大王暂驻大军于此，遣使先行，备下足以供五万人食用的粮草，同时在四周山岭遍插旌旗，布下疑阵，再以辩士郦食其携带奇珍异宝，前往游说，诱其降服。"

刘邦依计而行，果然，那守将贪婪成性，一见宝物，便心生异志，欲与刘邦联手，共图咸阳。

然而，正当刘邦欲顺水推舟，接纳这位叛将之时，张良却献上了第二步计策：

"此不过峣关守将一己之私欲作祟，其麾下将士未必心悦诚服。若我们与他强行联合，恐生变故，反受其害。不如趁其内部尚未稳固，士气松懈之际，发动突袭，一战而定乾坤。"

刘邦照样依计而行。于是，一场雷霆万钧的奇袭在峣关悄然展开。刘邦大军如猛虎下山，势不可挡，秦军猝不及防，瞬间土崩瓦解。

随后，刘邦乘胜追击，直逼蓝田，再战再捷，秦军终于全线崩溃，再无还手之力。

随着秦都咸阳城门的缓缓开启，秦王子婴束手就擒，标志着大秦帝国的轰然倒塌。

霹雳手段

面对秦朝重兵把守的险关，张良巧妙利用秦军内部的矛盾与守将的贪婪，诱使守将背叛。随后，他又果断建议刘邦趁敌懈怠，发动突袭，一举击溃秦军，为刘邦的统一大业奠定了坚实基础。

这场战役彰显了张良作为"谋圣"的智慧与才华，更彰显了张良作为一介谋臣的当机立断，更显其雷霆之威。

刘邦权谋深似海：拘萧何，帝王心术下的暗流涌动

汉高十二年（前195）的秋天，异姓王黥布起兵反叛，高祖刘邦亲率大军征讨。

在前方征战的日子里，他多次派人询问后方的萧相国在做什么。萧何，这位西汉的开国功臣，此时正忙于安抚百姓，捐助军资，与民休息，一切看似井然有序。

然而，在权力的游戏中，平静之下往往暗流涌动。萧何的勤勉与深得民心，却成了他潜在的危机。一个门客向他进言："您功高震主，皇上之所以屡次询问您的情况，是害怕您在关中的威望超过他。您应该多买田地，低价赊借，败坏自己的声誉，以安皇上之心。"萧何听从了门客的计谋，开始自污名声。

高祖征讨黥布归来，民众拦路上书，状告萧何低价强买田地房屋。高祖回到京城，笑着对萧何说："你这个相国竟是这样'利民'！"高祖将民众的上书都交给萧何，让他自己去向百姓谢罪。

然而，萧何却趁机为百姓请求："长安一带土地狭窄，上林苑中有很多空地，已经废弃荒芜，希望让百姓们进去耕种打粮。"高祖听后大

怒，认为萧何收受商人贿赂，为他们请求占用自己的园林，于是将萧何交给廷尉，用镣铐拘禁了他。

这一举动，看似刘邦对萧何的惩罚，实则是一场权谋的较量。刘邦深知萧何的忠诚与能力，但也忌惮他的威望与民心。通过拘禁萧何，刘邦既可以试探萧何的反应，又可以借此机会敲打他，让他明白自己的地位与权力都来自于皇上的恩赐。

事实证明，他降在萧何头上的雷霆之威确实吓得萧何魂不附体，他被释放之后，年迈的老者诚惶诚恐，赤脚前趋叩拜谢罪。刘邦还强行为自己打圆场："相国算了吧！相国为民众请求多赐耕地，我不答应，我不过是桀、纣那样的君主，而你则是个贤相。我之所以把你用镣铐拘禁起来，是想让百姓们知道我的过错罢了。"

霹雳手段

刘邦利用萧何深得民心的优势，以雷霆之势反制萧何，通过民众的上书作为引子，巧妙地将萧何置于风口浪尖，以此试探和敲打这位功臣。

这种手段既是对萧何忠诚度的一种考验，也是对权力集中和皇权至上的维护。然而，这也反映出刘邦在权力面前的敏感与不安，以及对于功臣的防范之心。

刘邦拘禁萧何的手段，既体现了其深沉的政治智慧，也暴露他多疑猜忌的性格。

齐王秘局：琅邪迷雾，智擒王者的权谋风云

在汉高祖刘邦驾崩后，吕后掌权，吕氏族人逐渐在朝中崭露头角，引发了朝野的广泛不满。

此时，齐国作为刘邦的长子刘肥的封地，一直保持着相对的独立与稳定。然而，随着吕后势力的扩张，齐国也感受到了前所未有的压力。

为了应对这一局势，齐王刘肥决定采取主动出击的策略。他任命驷君为国相，魏勃为将军，祝午为内史，并调集了齐国的全部兵力，准备应对即将到来的风暴。

为了增加自己的实力，齐王决定利用琅邪王这一棋子。

琅邪王是刘邦的堂弟，曾随刘邦征战四方，立下赫赫战功，对吕后的野心早有不满。于是，齐王派祝午前往琅邪，编造了一个谎言："吕氏族人已经叛乱，齐王决定发兵西进，诛杀叛贼。但齐王年幼，不熟悉战事，因此希望将整个封国托付给大王。大王自高帝时期就是将军，熟悉战事，齐王希望大王能前往临淄，共同商议大事，一起领兵西进平定

关中之乱。"

琅邪王听后，信以为真，认为这是一个难得的机会，可以借此机会诛杀吕氏，恢复汉室的权威。于是，他毫不犹豫地率领自己的军队，飞驰前往临淄。

然而，当琅邪王抵达临淄后，齐王与魏勃等人却趁机扣留了琅邪王，并派祝午接管了琅邪国的军队。

霹雳手段

刘肥作为汉初齐王，面对吕后势力的扩张，巧妙布局，诱使琅邪王加入己方阵营，成功掌控了更多兵力，增强了自身实力。此番雷霆手段，既体现了刘肥对局势的敏锐洞察，也彰显了他作为一方诸侯的胆识与魄力。尽管手段略显狡诈，但在那个吕氏对刘氏家族形成重大危胁的危机关头，这无疑是一种有效的政治策略，为刘肥在汉初复杂的政治格局中赢得了更多的主动权。

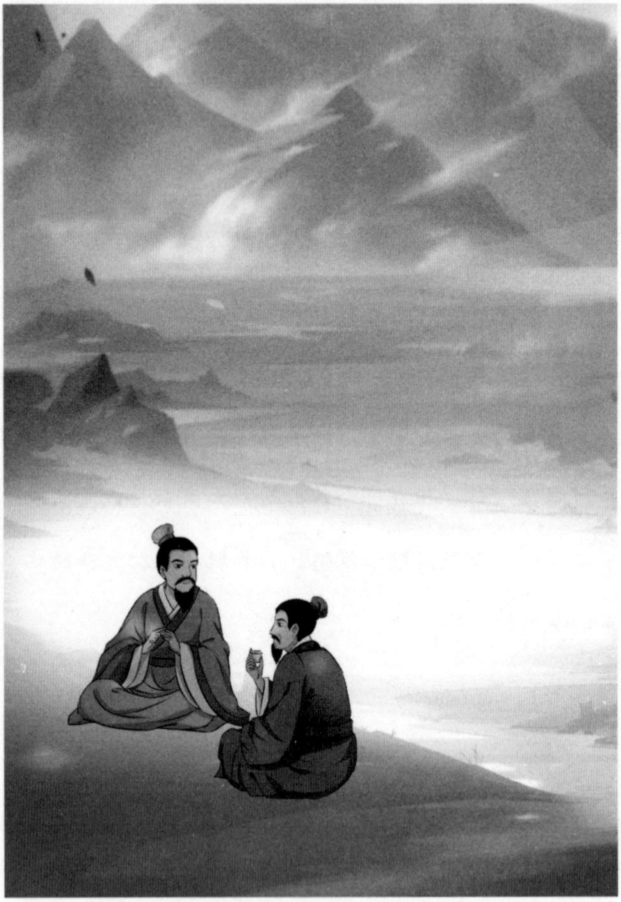

第七章
忍字头上一把刀
——隐忍藏迹是雷霆一击前的必要铺垫

忍字头上一把刀,隐忍藏迹,非懦弱,实乃大智。在雷霆一击前,沉默与潜伏是积蓄力量的必要铺垫。

霹雳手段

周昭王胶船惊魂：王权沉浮，水域中的危机四伏

在周朝中期，特别是周昭王姬瑕的统治时期，周朝正处于一个相对稳定但又暗流涌动的时期。经过前几代君主的努力，周朝的经济、文化都得到了显著发展，社会呈现出一种繁荣的景象。然而，这种繁荣背后，却隐藏着诸多的问题与矛盾。

周昭王自幼生活在深宫之中，对飞禽走兽有着浓厚的兴趣与热爱。这份热爱，在当时的王权社会中，或许只是他个人的一种消遣方式，但却为后来的灾难埋下了伏笔。

在周昭王十九年，南方的楚国逐渐崛起，成为周朝南方的一个强大势力。与此同时，南方地区也流传出一则奇异的消息：某地出现了一只全身雪白的野鸡，其羽毛光泽如银，极为罕见。这则消息很快便传到了昭王的耳中，激起了他强烈的猎奇之心。

在这样的背景下，昭王决定亲自率领大军南下，只为捕捉这只传说中的白雉。一路上，昭王命令士兵们搜刮民财，以满足他南征的奢华需求，这使得沿途的百姓民不聊生，怨声载道。

当昭王率军抵达南方时，却并未发现那只传说中的白雉。失望之

余，他将矛头指向了楚国，决定攻打其都城丹阳。然而，此时的楚国早已有所防备，昭王的大军未能如愿以偿。在楚军的顽强抵抗下，周军败下阵来，昭王无奈，只能下令班师回朝。

在返程途中，当他率领部队渡过汉水时，周军命令汉水边上的村民为其贡献渡江船只。百姓们对周军的骚扰早已心生不满，于是暗中破坏，将用胶粘接木板而做成的船只献给了周军。

昭王与随从贵族亲信等人登上了这些看似坚固的船只，然而，当船只行至江中时，由于胶在水中溶解，船板开始散落，船只瞬间解体。昭王与诸多贵族纷纷落水，最终葬身汉水之底。

这场突如其来的灾难，让周军措手不及，楚军则趁机反击，周人"丧六师于汉水"，遭到了全军覆没的惨败。

昭王的死讯传回周都镐京后，大臣们深感震惊与尴尬。为了维护王室的尊严与稳定，他们经过一番商议后，向天下公布说昭王是因急病而死，将这场因贪婪和暴行而引发的悲剧掩藏在了历史的尘埃之中。

霹雳手段

周昭王不恤民力，横征暴敛的最直接的后果，就是让他失去了生命，更让周朝的王权遭受了前所未有的打击。此后，周朝的政治格局发生了深刻变化，王权逐渐衰微，诸侯势力崛起，周朝进入了一个动荡不安的时期。这场悲剧也让后世的人们深刻反思了贪婪与暴行所带来的恶果。

周厉王末路悲歌：民心之怒，雷霆万钧

在周朝的中晚期，特别是在周厉王姬胡的统治时期，周朝的社会矛盾日益激化，国家正处于风雨飘摇之中。周厉王，这位性格刚愎自用的君主，并未将精力放在治理国家、恢复经济上，而是沉迷于个人的享乐与权力之中。

周厉王还推行了一项极为愚蠢的政策——禁止百姓议论朝政。他认为，只要堵住百姓的嘴巴，就能维持自己的统治地位。于是，他下令设立监谤之官，专门负责监视百姓的言论，一旦发现有人议论朝政，便处以重刑。

这一举措，虽然暂时让议论的声音减少了，但并未从根本上解决问题。相反，它激起了百姓心中更大的不满和恐惧。人们开始相互猜疑，路上相见也只能互递眼色示意，生怕一不小心就触碰到厉王的禁忌，引来杀身之祸。

周厉王见状，却误以为自己的高压政策取得了成效，得意洋洋地对召公说："你看，我能消除人们对我的议论了，他们都不敢说话了。"

召公听后，更加忧心忡忡，因为民众有嘴巴，心里想什么嘴里就说什么，国君才能够听到百姓心声，如果堵住他们的嘴巴，那国君的统治还能维持多久呢！

不过，召公的意见周厉王根本听不进去，他只是志得意满地继续他的暴政之路。

终于，百姓忍无可忍，一场大规模的起义爆发了。他们拿起武器，涌向王宫，要推翻周厉王的统治。在这场起义中，周厉王的军队被彻底击败，他不得不仓皇逃到彘，虽然保住了性命，但永远失去了王权。

霹雳手段

周厉王的末路悲歌，不仅是他个人命运的写照，更是周朝社会矛盾的集中体现。他的暴政与贪婪，最终引发了百姓的雷霆之怒与拼死反抗。这则故事告诉我们：一个政府或政党只有真正关心百姓的疾苦，才能赢得他们的支持与拥护；否则，无论他拥有多么强大的权力与地位，都无法逃脱失败的命运。

郑武公密谋奇袭：胡地风云，智取敌国的霸业序章

在春秋战国时期，列国纷争，诸侯争霸，郑国也想在乱世中立足并扩张，这无疑就需要国君具备高超的外交手腕与军事策略。

郑武公是一位深谙权谋与兵法的君主，他的智谋与胆识，在一次针对胡国的征服行动中展现得淋漓尽致。

胡国始终严密警惕着郑国，在边防的关隘也增加了很多将士，因此郑武公不敢轻举妄动。郑武公深知，直接以武力攻打胡国，不仅会消耗大量国力，还可能引起周边国家的警觉与干涉。

一日，郑武公在朝堂之上，故作轻松地询问众大臣："我国若要向外扩张，你们觉得哪个国家是最合适的目标呢？"大臣们面面相觑，不敢轻易作答，唯有关其思毫不犹豫地回答道："以臣之见，胡国与我郑国接壤，且国力相对较弱，正是我们扩张版图的理想之选。"

然而，关其思的回答却使得郑武公勃然大怒，他指责关其思："胡国乃我郑国的兄弟之国，你竟敢提议攻打它，是何居心？来人，把关其思拉下去斩了！"这一突如其来的变故，让满朝文武都震惊不已。

消息很快传到了胡国君主的耳中，他感动于郑武公的"深情厚谊"，认为郑国是自己坚定的盟友，于是放松了对郑国的戒备。与此同时，郑武公却在暗中加紧备战，训练士兵，储备粮草，为即将到来的大战做好充分的准备。

终于，这一天到来了：郑国的军队如同天降神兵，突然出现在胡国的边境，发起了一场迅猛的攻势。由于胡国毫无防备，郑军势如破竹，很快便攻占了胡国的都城，俘虏了胡国的君主。

这场战役中，郑武公以极小的代价取得了巨大的胜利，不仅扩大了郑国的疆域，还向周边国家展示了其强大的军事实力与深不可测的智谋。

霹雳手段

这是一则记载在《史记》中的故事，故事中的郑武公的隐忍与决断，堪称古代军事与政治智慧的典范。面对胡国，他并未急于求成，而是麻痹对手，展现出了非凡的耐心与深沉的城府。在胡国君主放松戒备，自以为得到盟友之时，郑武公却如潜龙出渊，雷霆一击，迅速占领了胡国，其行动之迅猛、策略之精妙，令人叹为观止。这一战，深刻诠释了"将欲取之，必先予之"的兵家至理。

刘邦白登困龙局：帝王之路的生死考验

汉高祖刘邦在开创大汉王朝的过程中，经历了无数生死考验。其中，"白登之围"无疑是他帝王之路上最为凶险的一次。

公元前200年，刘邦刚刚击败项羽，建立了统一的汉王朝。然而，北方的匈奴势力日益强大，对汉朝构成了严重威胁。

刘邦将韩王信的封地迁至太原郡，以防御匈奴。然而，韩王信在与匈奴的多次作战中败多胜少，最终决定投降匈奴，并配合冒顿的骑兵袭击太原。得知这一消息后，刘邦大怒，决定亲自出征讨伐匈奴。

刘邦率领几十万大军出征，先后在铜辊等地取得胜利，使韩王信的军队遭到重大伤亡。然而，刘邦却犯了轻敌冒进的错误。他不顾前哨探军刘敬的劝解阻拦，一直追到大同平城，结果中了匈奴诱兵之计——冒顿单于故意示弱，让刘邦的使者看到他的军队疲惫不堪，人员皆非青壮，战斗力十分低下的模样；而且命令左右贤王统领的匈奴骑兵深入雁门太原，在与汉军的车骑和步兵作战的时候，节节败退，从而引诱汉军深入追击。

刘邦果然上当，高歌猛进，没想到在平城东部的白登山，遭遇了匈奴骑兵主力，后路被截断。

冒顿单于调集四十万精锐骑兵，将刘邦及其先头部队围困在白登山，长达七天七夜，粮饷断绝，冻馁交加，危在旦夕。

幸得陈平献计，刘邦偷偷派人送给冒顿单于的阏氏大量宝贝，阏氏于是对冒顿单于说："两方的君王不能相互围困。即使得到汉朝的土地，单于终究是不能在那里居住的；而且汉王也有神的帮助，希望单于认真考虑这件事。"

冒顿与韩王信的两个将军约定了会师的日期，但两个将军的军队没按时到来，冒顿疑心他们同汉军有预谋，就采纳了阏氏的建议，解除了包围圈的一角。

于是刘邦麾下将士趁机突围，并且带上牛羊作为诱饵。当匈奴追兵将进，便将牛羊放开，让匈奴抢夺。这样一来，汉军才摆脱了匈奴的追击，与后来的援军会合。

霹雳手段

白登之围是汉朝初期与匈奴的一场重大军事冲突，也是刘邦一生中最危险的一次战役。

从步步诱敌到雷霆一击，冒顿单于精心策划，利用刘邦的轻敌心理，故意示弱，诱使汉军深入匈奴腹地。在关键时刻，他迅速调集精锐骑兵，对刘邦实施突然包围，并持续围困，使汉军陷入绝境。这一连串的行动不仅体现了冒顿单于的军事智慧，也彰显了他对战场形势的敏锐洞察和果断决策，差点让刘邦饮恨白登山，改写汉朝历史。

萧何功高不震主：智者谦退的千古佳话

在秦末汉初的动荡年代，萧何以其卓越的治国才能和深沉的政治智慧，成为刘邦建立汉朝的重要支柱。

他不仅是一位杰出的政治家，更是一个懂得在权力巅峰时保持谦逊与退让的智者。

汉王三年，刘邦在前线与项羽正在激烈较量中，萧何坐镇关中。但是刘邦却频繁派遣使者回到关中，对萧何表示深切的慰劳。一位谋士向他提出预警："汉王在前线历经艰辛，却屡屡遣使慰劳您，这其实是心中有所疑虑。为了消除汉王的顾虑，您应派遣家族中能战之士前往前线，以示忠诚。"萧何赶紧将子弟亲兵送往战场，刘邦果然大为宽慰。

汉高帝十一年，陈豨起兵反叛，刘邦亲征邯郸。此时，长安城内韩信意图与陈豨内外勾结，被吕后和萧何骗入宫中，遭到诛杀。刘邦在前线得知此事后，特遣使者返回长安，不仅拜萧何为相国，还加封五千户食邑，并配备五百士卒及一名都尉作为护卫。

这份殊荣在功臣中前所未有，同僚们纷纷道贺，唯有一个叫召平的人告诉他："此乃祸端之始。皇上亲征在外，您留守朝中，未涉险境却获此重赏，实则是皇上心生疑虑。为避灾祸，您应辞让相位，捐出家财以助军需，方能解皇上之心结。"萧何依计行事，刘邦听后果然大喜。

汉高帝十二年秋，黥布又起叛乱，刘邦再次亲征。萧何继续致力于安抚百姓，慷慨解囊资助军费。此时，一位宾客向萧何进言："相国，您即将面临灭族之灾。您虽位极人臣，功劳盖世，却已无可再加。自入关中以来，您深得民心，皇上对此多有忌惮。为求自保，您不妨自污名声，多购田地，放高利贷，以富家翁之姿示人，皇上自会安心。"

当刘邦东征凯旋，临近长安时，收到百姓联名上书，控告萧何以低价强买民田房产，数额巨大。刘邦笑对萧何，将控告书交予他，令其向民谢罪。此乃萧何故意为之，以消皇上疑虑。

随后，萧何提出开放上林苑以助民生，不料此举却触怒了刘邦，认为其意在收买民心，指责其不顾皇威。萧何因此入狱，却无丝毫怨言。不久，有人替萧何求情，刘邦赦免萧何。萧何重获自由，感激涕零。

数月后，刘邦驾崩，两年后，萧何去世。

作为一代名相，萧何一生虽曾遭疑，但终能全君臣之义，得以善终。其事迹为后世所传颂。

雷霆手段

萧何深谙君臣之道，懂得在朝堂政治中保持低调与谨慎，多次在关键时刻以谦退隐忍之姿化解危机，展现出极高的政治智慧。他深知"满招损，谦受益"的道理，从不恃功自傲，其作风值得后人深思与学习。

第八章
当断不断，必受其乱
——以霹雳手段展现果决的力量

在人生的十字路口，犹豫与拖延往往是失败的先兆。当断不断，必受其乱。唯有以霹雳手段迅速做出果断抉择，方能把握先机，主宰命运。

霹雳手段

勾践迟疑间，范蠡催战鼓：智者一锤定音的风云时刻

吴王夫差大败越国，越王勾践为了保全越国，为夫差做奴仆。被放归越国后，勾践卧薪尝胆，励精图治，图谋复仇。

公元前 473 年，勾践对吴国发起反击，吴国兵败如山倒，退守至国都姑苏。

越军围困姑苏，夫差派遣使者前往越国求和，并提出自己愿为人质，臣服于勾践。

勾践想起此前受辱种种，不由心中动摇，很想能够以牙还牙，一报还一报。关键时刻，越国大臣范蠡力劝勾践勿要错失良机，应一举灭吴，以绝后患。

但是勾践面对吴国使者三番两次的恳求，觉得拒绝的话实在说不出口，就让范蠡前去应对。

于是，当吴国使者再次前来求和，言辞更加谦卑时，范蠡直接左手提战鼓，右手拿鼓槌去见吴使，对他说："过去老天爷降祸给我们越国，要让吴国灭亡越国，而你们吴国错过了有利的时机。如今老天爷

把这个时机倒过来了,我们哪敢违抗天命呢!"

吴使质问道:"范先生,如今吴国遭到大旱,谷子、螃蟹都绝收了,您这样趁火打劫,不怕遭天谴吗?"

范蠡笑道:"我们越国的先王原来就地位低下,居住在边远的东海之滨,我们看着像人,其实却和禽兽一样不懂礼仪,不讲人情。我这是实在话,可不是巧辩之言啊。"

双方你来我往,舌辩数回合,吴使失望而归。范蠡来不及向越王勾践汇报,马上敲响了手中的进军战鼓,出动大军,尾随吴使,一口气攻入姑苏。夫差被迫自杀,吴国被灭。

霹雳手段

在吴越争霸的关键时刻,范蠡力排众议,以雷霆手段推动越王勾践做出决断,乘胜追击,最终实现了灭吴的大业。

范蠡的手段虽硬,却无不透露出对时局的精准把握和对国家利益的深切关怀。他深知犹豫只会错失良机,果断行动方能扭转乾坤。正是这份决断力和执行力,让范蠡成为越国复兴的重要推手,也为后世留下了宝贵的历史借鉴。

宋襄公泓水悲歌：仁义之战，却成千古笑谈

在春秋时期的中原大地上，宋国国君宋襄公以其崇尚仁义而闻名诸侯。

公元前 638 年，宋国与楚国因争夺中原地区的霸权而爆发了著名的泓水之战。这场战役，不仅是对宋襄公军事才能的一次考验，更是对其仁义理念的一次残酷挑战。

战前，宋襄公率军在泓水北岸列阵以待，而楚军则渡过泓水，要在南岸布阵。

此时，宋国大将公孙固建议宋襄公利用楚军尚未完全列阵之际，发动突袭，定能取胜。然而，宋襄公却坚守仁义之道，认为"君子不重伤，不擒二毛（不伤害已经受伤的敌人，不俘虏头发花白的老人）"，坚持等到楚军完全列阵后再开战。

结果，当楚军布好阵势后，迅速发动反击，宋军因错失良机而陷入被动，最终大败，宋襄公也在此战中受伤，次年伤病复发而死。

这场战役中，宋襄公虽以仁义之心行事，却因过于拘泥于礼法，

忽视了战争的残酷性和实用性，导致国家蒙受重大损失，自己也落得伤病身死的悲剧结局。

泓水之战，不仅让宋襄公的仁义理念遭受了现实的打击，也让后人深刻认识到，在复杂多变的政治和军事斗争中，单纯的仁义之心往往难以应对复杂的局面。

霹雳手段

宋襄公当断不断，反受其乱，是其在泓水之战中备受诟病之处。面对楚军的威胁，他过于拘泥于仁义与礼法，未能及时把握战机，错失了以奇制胜的良机。这种优柔寡断的性格，不仅使宋军陷入了被动挨打的境地，更导致国家蒙受重大损失，自己也因此身负重伤，最终含恨而终。宋襄公的故事警示后人，在关键时刻应果断决策，勇于担当，避免因犹豫不决而错失良机。

李园诡局夺命：断与不断，生死一念间

战国时期，楚国的春申君黄歇以其卓越的才能和深厚的资历，稳坐楚相之位长达二十五年。他辅佐楚考烈王，治国有方，使得楚国在

动荡的局势中保持了相对的稳定与繁荣。

楚考烈王晚年，楚国政坛暗流涌动，各方势力都在为未来的权力格局而暗中角力。其中，李园作为一股不可忽视的力量，正悄然布局，意图掌控朝政——李园因其妹为楚考烈王生子，并被立为太子，才在朝中得以重用。

李园表面上对春申君毕恭毕敬，暗中却豢养刺客，准备在关键时刻发动致命一击。而春申君却对李园的野心毫无察觉，甚至对其抱有幻想，认为两人可以共谋大事。

这时，朱英出现了。他揭露了李园的野心，预测等到楚王一过世，李园必定会抢先动手，杀掉春申君。由此，他建议由他来为春申君除掉李园这个心腹大患。

但是，春申君听了后说："您还是别打这个主意了。李园这个人性子软弱，我待他又很好，我们两个到不了你死我活的地步。"

朱英无奈，恐怕祸及自身，只好逃离。

楚考烈王去世的第十七天，李园果然抢先入宫并设下埋伏，春申君在毫无防备的情况下入宫，被李园豢养的刺客刺杀身亡，斩下他的头，其家族也被满门抄斩。

霹雳手段

春申君黄歇，楚国一代名相，治国有方。然而，在关乎个人生死与国家安危的关键时刻，春申君却表现出了当断不断的软弱与识人不明的糊涂。面对李园的野心与威胁，他未能及时察觉并果断处置，反而因一时的妇人之仁，错失了消除隐患的良机。这种犹豫不决的性格，最终导致了他的悲惨结局。

春申君的优柔寡断，不仅是个人的悲哀，更是历史的教训，提醒着人们在面对复杂局势时，必须保持清醒与果断。

齐桓公暮年迷途：背弃管仲智言，易牙竖刁乱朝纲

齐相管仲临终之际，留下遗言，请齐桓公驱逐四人：易牙、竖刁、开方和公子潘。他认为此四人都是心怀叵测、图谋不轨的小人，有他们在，齐国必乱。

管仲之所以这么说，是因为易牙是齐桓公的厨师，为了讨好齐桓公，竟然把自己的儿子煮了送给桓公吃，其心狠手辣无人可出其右；竖刁是齐桓公的贴身侍从，为了获得权位，不惜自残身体，其野心昭昭，日月可鉴；开方是卫国的公子，却长期在齐国为臣，其为人缺乏忠诚之心，居心叵测之处难以预料；公子潘则是齐桓公的侄子，横行霸道，欺压百姓，引起民愤，会严重威胁齐国的稳定。

但是，齐桓公却并未听从管仲的忠告，对这四人宠信有加。

结果齐桓公病重期间，这四人果然趁机作乱，他们相互勾结，发

动政变，企图夺取政权。在这场内乱中，齐桓公被软禁在宫中，要食无食，要水无水。他们假传圣旨，公子大臣俱不得入宫。宫门也被封死，齐桓公的寝室四周也建起三丈高的围墙，下面只留一个小小的窟窿，形如狗洞，命一个小太监早晚爬入，看看齐桓公是否还活着。

可怜齐桓公一世英名，春秋五霸之首，却在叫天天不应，叫地地不灵的境地中，活活饿死。由于诸公子争夺王位，又六十七天不能入殓，尸腐生蛆，蛆虫爬出宫外。

霹雳手段

齐桓公早年英明果断，晚年却识人不明，用人不清，当断不断，反受其乱。这场内乱严重削弱了齐国的地位，使其失去了往日的霸主地位。在随后的几十年里，齐国一直处于衰落状态，再也没有恢复昔日的辉煌。这一教训深刻而沉重，提醒后人在面对复杂局势时，必须保持清醒的头脑和坚定的意志，果断决策，以免因犹豫不决而酿成不可挽回的后果。

汉王权谋闪电战：韩信兵权，一朝易主的王者博弈

随着垓下之战的结束，数年楚汉之争，如今胜负已定，项羽死了，

刘邦下令各路诸侯先回各自封地，等着进一步的评定功劳和分封。

韩信已被刘邦封为齐王，他也带兵返回自己的封地。不过去了之后，他准备先到齐国西南巡视一圈，然后驻营于定陶。

但是韩信的军事才能，让刘邦忌惮，这人实在是太危险了。他手里握着大军，刘邦就吃不下睡不安。

刘邦率禁卫军直奔定陶，打的旗号是劳军，于是韩信放他们直入大本营。然后刘邦就直接收缴了韩信统领三十万大军的印信，只给他保留了直属兵力的指挥权。刘邦又怕韩信多心，告诉他之所以这么做，是要封他为楚王，齐地则另有分派。

韩信一听，想着反正自己也是楚人，楚地比齐国的面积还大，这么做既合情合理，自己又不吃亏，没问题。同时他心中还自恃有大功，所以并不疑有它。倒觉得刘邦这人厚道，善待功臣。

不光是他，别的诸侯们听说此事，也并不惊慌，不认为刘邦是在夺取兵权，另有他图，反倒都觉得刘邦这人挺好，他的行为也可以理解：毕竟哪个皇帝都得握住军权啊！

就这样，刘邦打着劳军的旗号，光明正大地就把韩信的兵权收缴了。

霹雳手段

刘邦在楚汉之争胜利后，面对韩信这一潜在的军事威胁，展现出了高超的政治智慧和果断的雷霆手段。他借劳军之名，直抵韩信大本营,迅速收缴其大军印信,仅保留其直属兵力的指挥权。此举既消除了韩信的军事威胁,又避免了直接冲突,维护了表面的和谐。同时,刘邦以封楚王为饵,让韩信自觉接受安排,未起疑心。其他诸侯也因此未感惊慌,反觉刘邦行为合理。刘邦的这一系列操作,既巩固了皇权,又维护了内部稳定,充分展示了其作为开国皇帝的深谋远虑和权谋手段。

辣手摧英豪:毒辣吕后霹雳绝杀韩信

韩信因战功赫赫而备受刘邦的猜忌与防范,甚至于去除他的王号,改封为淮阴侯。韩信的内心充满不满与恐惧,渴望能够挣脱牢笼,改变命运。

陈豨被任命为钜鹿郡守,前去向淮阴侯辞行。韩信指出,陈豨手握重兵,必然遭人猜忌。如果有人屡次三番告发他要谋反,刘邦必然会起疑心,并亲自率兵征讨。

韩信提出,如果陈豨真的被刘邦征讨,他可以在京城做内应,助陈豨夺取天下。

这个计划的诱惑力实在太大了,一旦功成,将坐拥天下。而韩信的杰出的军事才能和影响力为这一计划提供了极为强大的保障，于是，陈豨果然发动叛乱，而刘邦果然亲征。

韩信暗中派人给陈豨送信，表示将全力予以支持。同时，他真的开始谋划着要假传圣旨，释放在各府邸做苦役的奴婢、罪犯，把这些人组织起来，攻打皇宫，擒拿吕后及太子。

韩信的一位家臣得罪了韩信，被囚禁，韩信要杀掉他。他的弟弟就上书告密。

吕后得知此事，想要召韩信进宫，又怕他不肯就范。与萧何谋划此事，派人给韩信送假消息，就说陈豨已被俘处死，列侯群臣都当进宫祝贺。

韩信称病，不肯进宫，萧何劝他："这是军国大事，即使有病，也要强打精神进一下宫，表达一下祝贺之意。"

于是韩信进宫，吕后以迅雷不及掩耳之势命令武士捆起韩信，在长乐宫的钟室杀掉了他。随后，韩信的三族被诛杀。

霹雳手段

在得知韩信有谋反之意后，吕后迅速与萧何商议对策，设下骗局将韩信诱骗至宫中，并果断下令斩杀。这一系列行动体现了吕后在政治斗争中的敏锐洞察力和迅速反应能力。虽然她的心狠手辣饱受世人诟病，但是她深谙"当断不断，反受其乱"的做事精髓，为汉朝避免了一场流血政变。

淮南王逆梦破碎：王权路上的荒诞悲歌

汉朝时期，淮南王刘安常想反叛朝廷，但是没有机会。

到了孝武帝建元二年（公元前 139），淮南王入京朝见皇上。与他一向交好的武安侯田蚡，当时做太尉。田蚡在霸上迎候淮南王，告诉他说："现今皇上没有太子，大王您是高皇帝的亲孙，施行仁义，天下无人不知。假如有一天宫车晏驾皇上过世，除了您，还有谁能继位呢？"

淮南王大喜，厚赠武安侯金银钱财物品。

淮南王于是暗中结交宾客，安抚百姓，谋划叛逆之事；同时加紧整治兵器和攻战器械，积聚黄金钱财贿赠郡守、诸侯王、说客和有奇才的人。这些人纷纷为淮南王出谋划策，又对他阿谀逢迎。淮南王心中十分欢喜，谋反之心越发炽盛。

淮南王有女儿名刘陵，淮南王给她很多钱，让她在长安刺探朝中内情，结交与皇上亲近的人，好探得更多情报。

元朔五年（公元前 124），淮南王太子听说郎中雷被剑艺精湛，便与他较量。雷被失手击中了太子，太子对雷被屡次加以迫害，雷被恐惧，逃到长安，向朝廷上书申诉冤屈。

皇上诏令廷尉、河南郡审理此事，河南郡议决，追捕淮南王太子到底，淮南王、王后打算不遣送太子，趁机发兵反叛。可是反复谋划犹豫，十几天未能定夺。

淮南王与淮南国相产生矛盾，派人上书控告国相，皇上将此事交付廷尉审理，办案中有线索牵连到淮南王，朝中公卿大臣请求逮捕淮南王治罪。淮南王害怕事发，太子刘迁献策，若是朝廷使臣来逮捕父王，父王可令人即时刺杀使者，他也会派人呼应，就此举兵起事。

但是朝廷中尉到达后，态度很温和，并没有对淮南王喊打喊杀，刘安揣度自己应该不会被定什么罪，就没有发作。

朝廷最终派使者去宣布赦免淮南王的罪过，用削地以示惩罚。淮南王削地之后，心中不服，策划反叛的愿望更为强烈，日夜和人察看地图，部署进军的路线。

淮南王的庶子名叫刘不害，其儿子刘建不满父亲和自己在家族中遭受苛待，让人上书，向朝廷告密。河南郡府受命审问刘建，他供出了淮南王太子及其朋党。

淮南王害怕国中密谋造反之事败露，想抢先起兵，臣子伍被献计，想办法挑动民怨与诸侯的恐惧，再派说客说服各路诸侯共同造反，这样就可以挟大势而浑水摸鱼。淮南王于是又紧锣密鼓地准备各种造反用的印玺。

淮南王心中有许多种造反计划，他一会想要按照伍被的计策挑动民乱；一会又想要先杀死不支持自己的国相和大臣，连计策都想好了：就假称宫中失火，把来救火的国相和大臣都抓起来杀掉；一会又想要派人假称南越兵入界，以此借机发兵进军。

总之是商议来商议去，没有个定准。直到皇帝派人来逮捕太子，他都没有一个准主意。最后太子也绝望了，想着父王这样肯定不会成功，干脆自己刎颈自杀吧，却也没有死成。

为淮南王出主意的伍被反而告发了他参与淮南王谋反的各种详情，此案牵连达数千人，淮南王刘安自刎而死，王后荼、太子刘迁和所有共同谋反的人都被满门杀尽，伍被也被杀。淮南国除，废为九江郡。

霹雳手段

淮南王刘安作为西汉时期的诸侯王、思想家及文学家，他的才华和贡献不可忽视。然而，在评价他的历史地位时，其优柔寡断的性格特点尤为引人深思。

面对汉武帝的猜忌与削弱，他未能果断行动，反而陷入了无休止的犹豫与观望之中。这种性格不仅让他失去了最佳的反抗时机，也让他在面对危机时缺乏足够的决断力。"秀才造反，三年不成"这一说法，恰恰反映了刘安在造反行动上的软弱无力。于是他的造反计划多次因犹豫不决而流产，最终未能成功，身死国除。

第九章
功成拂衣去,深藏功与名
——激流勇退是砍向自己的霹雳刀

在辉煌之巅,激流勇退,非胆小,实乃大智。功成拂衣去,深藏功与名,这砍向自己的霹雳刀,是智者的抉择。

孙武归隐录：兵法传后世，智者遁江湖

在春秋末年，战乱频仍，诸侯争霸，天下局势动荡不安。然而，在这纷扰的世事中，却有一位智者，以其卓越的军事才能和深邃的战略眼光，悄然书写了一段传奇。他，就是被誉为"兵圣"的孙武。

孙武，字长卿，原本是齐国的一个普通士人。他自幼便对军事谋略有着浓厚的兴趣，常常研读古代兵书，钻研兵法。然而，他并不满足于书本上的知识，而是渴望将所学应用于实战，验证其真伪。于是，他毅然离开了齐国，踏上了寻找施展才华的舞台的旅程。

经过一番周折，孙武来到了吴国。在这里，他遇到了吴王阖闾，一位渴望扩张领土、称霸天下的君主。孙武向吴王展示了自己的兵法著作《孙子兵法》，这部著作以其深邃的战略思想、精妙的战术布局和独到的战争哲学，深深打动了吴王。吴王当即决定重用孙武，任命他为将军，统领吴军。

在孙武的指挥下，吴军屡战屡胜，先后击败了楚国、越国等强敌，使吴国一跃成为春秋时期的霸主之一。孙武的兵法在实战中得到了充

分的验证和发扬，他也因此被誉为"兵圣"，名垂青史。

然而，就在孙武功成名就、权势显赫之时，他却做出了一个出人意料的决定——归隐。他深知，权力是一把双刃剑，既能成就英雄，也能毁灭豪杰。在权力的巅峰上，他看到了太多的尔虞我诈、勾心斗角，也感受到了太多的孤独和疲惫。

于是，在伍子胥被杀后，孙武心灰意冷，他决定放下一切，遁入江湖，去追求一种更为自由、更为宁静的生活。不再为吴国的对外战争出力，而是转而隐居乡间，修订兵法著作，最终寿终正寝。

他的兵法著作《孙子兵法》也流传千古，成为后世军事家们竞相研究的经典之作。孙武的归隐，不仅让他自己得以远离尘嚣、安享晚年，也让他的兵法智慧得以传承和发扬，为后世留下了宝贵的文化遗产。

孙武的一生，是传奇的一生，也是智慧的一生。他以兵法传世，以归隐明志，用自己的行动诠释了什么是真正的智者。他的故事，将永远激励着后人去追求智慧、追求自由、追求更高尚的人生境界。

霹雳手段

孙武，兵家至圣，以《孙子兵法》名垂青史，其军事才能卓越非凡。然而，在权势显赫、功成名就之际，孙武却毅然选择归隐江湖，这一决定彰显了他作为智者的超然与远见。孙武的归隐，不仅是对个人命运的明智抉择，更是对兵法智慧的深远传承。他的故事告诉我们，真正的智者，不仅要有征服世界的智慧，更要有放下一切的勇气。

范蠡逍遥游：功成身退后，江湖任我行

范蠡，字少伯，春秋末期楚国人。他早年便展现出过人的智慧和才能，却因不满楚国政治腐败，选择离开故土，游历四方，最终来到了越国。在这里，他遇到了越王勾践，并被其诚意所打动，决定辅佐勾践，共谋复国大业。

范蠡以其深邃的战略眼光和卓越的军事才能，为勾践策划了一系列复国策略。他建议勾践卧薪尝胆，忍辱负重，同时积极外交，联合吴国周边的国家，形成对吴国的包围之势。

在范蠡的精心策划下，越国逐渐恢复了元气，并最终在公元前473年成功击败吴国，实现了复国大业。

然而，就在范蠡功成名就，即将被越王勾践赐予高官厚禄之时，他却做出了一个出人意料的决定——辞官归隐。

因为范蠡认为勾践是一个可以共患难，但难以同富贵的君主。在勾践复国的过程中，范蠡亲眼见证了勾践为了达成目标所付出的努力和牺牲，也看到了勾践在困境中所展现出的坚韧和毅力。然而，范蠡

也敏锐地察觉到了勾践内心深处的功利心和冷漠。

在勾践成功复国后，他对曾经帮助过自己的功臣们并没有给予应有的奖赏和尊重，反而对他们产生了猜疑和嫉妒。这种行为让范蠡深感失望和担忧。

范蠡深知，权力场中的斗争往往伴随着无尽的勾心斗角和血腥杀戮，这并不是他所追求的生活。他渴望的是一种更为自由、更为宁静的人生境界。于是，他选择了急流勇退，泛舟江湖，过上了逍遥自在的生活。

范蠡离开越国后，先是来到了齐国，化名"鸱夷子皮"，从事农耕和商业活动。他凭借自己的智慧和才能，很快便在齐国积累了巨额财富，成为当地的富豪。然而，范蠡并没有沉迷于金钱和权势之中，而是选择将财富分给贫困的百姓，自己则继续游历四方，寻找更为广阔的天地。

后来，范蠡又来到了陶地，再次从事商业活动。他凭借自己的商业头脑和诚信经营，很快便在陶地建立了庞大的商业网络，成为当地的商业巨头。然而，范蠡并没有因此而满足，他依然保持着对自由和宁静生活的向往，继续游历江湖，享受着逍遥自在的人生。

> **霹雳手段**
>
> 范蠡的一生，是传奇的一生，也是智慧的一生。他以非凡的才智辅佐越王勾践复国，又在功成名就之时，毅然选择急流勇退，泛舟江湖，过上了逍遥自在的生活。范蠡用自己的行动诠释了"功成身退后，江湖任我行"的传奇人生，并在历史长河中留下深刻印记。

孙膑：残躯燃智火，辉煌铸史册，淡泊隐江湖

在战国烽烟四起的年代，出现了孙膑这个在军事上留下了辉煌篇章，却又在功成名就后选择淡泊隐退的伟大人物。

孙膑，齐国人，是孙武的后代。他自幼便展现出对军事的浓厚兴趣与天赋，然而，命运却在他年轻时给予他一次沉重的打击。因受庞涓嫉妒，孙膑被处以膑刑，从此以后无法再独立行走。然而，这并没有击垮他，反而激发了他更加坚定的意志。

在田忌的引荐下，孙膑得以在齐国施展才华。他凭借自己的智慧，为田忌策划了著名的"田忌赛马"事件，成功逆袭取胜，赢得了齐威王的赏识。从此，孙膑开始在齐国军队中担任重要职务，以其卓越的军事才能，多次为齐国立下赫赫战功，并且在马陵之战中诛杀庞涓，了结了心头之恨。

　　然后，他就做出了一个出人意料的决定——退隐。他离开了喧嚣的官场，回到了自己的故乡，过上了淡泊名利、与世无争的生活。在这里，他继续研究兵法，将自己的军事智慧传授给有缘之人，同时也享受着田园生活的宁静与美好。

　　孙膑的兵法著作《孙膑兵法》流传千古，成为后世军事家们竞相研究的经典之作。

孙膑用自己的一生，诠释了"残躯燃智火，辉煌铸史册，淡泊隐江湖"的传奇人生。

> **霹雳手段**
>
> 孙膑身残志坚，以超凡智慧照亮战国烽火。在功成名就之际，他毅然选择隐退，这份果断与决绝，彰显了智者的超然与豁达。他以淡泊之心，铸就了不朽的传奇，让后世敬仰。这份果敢与决绝，成为历史长河中一道亮丽的风景线，激励着后人追求更高尚的人生境界。

王翦：自污避祸，功成身退的名将传奇

王翦自幼研习兵略，他老谋深算，为将持重，战果辉煌。

秦王政十一年（前236年），王翦率兵攻赵，攻克九城。

秦王政十九年（前228年），他再次率兵攻打赵国，迫使赵王投降。

秦王政二十一年（前226年），他率兵攻下燕国都城，燕王逃往辽东郡。

秦王政二十四年（前223年），王翦迎来了他军事生涯的巅峰

之战。

秦王欲灭楚，询问李信和王翦所需兵力。李信自信满满地认为二十万军队足以荡平楚国，而王翦则坚持非六十万大军不可。秦王认为王翦年老胆怯，派李信出征。然而，李信大败而归。

秦王无奈，只得亲自向王翦致歉，请他出山，给他六十万人马——秦王嬴政气魄雄大，倾举国之兵力，交托一人之手。秦国开国数百年，这一场赌博新此开局，这一战定的不是胜负，是大秦生死。

而且，这六十万兵马真给了王翦，他都能够把秦王干掉，自立为王了。

于是王翦出征，战旗如林，兵甲如云，嬴政亲自送行。王翦跟秦王不停地提条件：

"大王，我老了，这一战打完，我是要卸甲归田的。多给我点土地呗？我要好的、肥沃的田地。"

"那个，大王，你看我这宅子，又破又旧。你让人给我盖几栋好宅子呗。我要合抱粗的木头做梁柱，要盖得结结实实的，我孙子和重孙子要一直在这里住。"

"还有还有，大王，你看我们家可穷可穷了。你能多赏我点金银不？我家人多，吃得多，花钱也多。你看我衣裳都破了。"

要领兵出关了，骑在马上，他又跟嬴政说："大王啊，我有个孙子，贪玩不成器，不过我很爱他。能不能请大王给他在朝里赏一个职位呀？不用很高，挣的工资够他吃饭就行。"

霹雳手段

嬴政的脸都黑了。

出发后,有人问他为什么这样得寸进尺,王翦说:"我要是不提条件,大王心里会害怕。他一害怕了,咱们就危险了——他把秦国的全部兵马全都给了我,心里捏着一把冷汗,生怕我造反。我提的条件越多、越俗,他越觉得我贪财,越对我放心,知道我有钱就行,不会拥兵自立。"

公元前225年,王翦大军直抵楚境,却在战场中坚守不出,与士兵一同休息、改善伙食,直待楚军士气低落时方才一举出击,大败楚军,斩杀项燕,一年多后俘虏楚王负刍,平定楚国。

灭楚之后,王翦又南征百越,取得胜利。他凭借卓越的军事才能,为秦国统一六国的事业作出了巨大贡献。

此后,他就选择了急流勇退,低调地告老还乡。战国四大名将——白起、廉颇、李牧、王翦,他是最得善终的一个。

霹雳手段

王翦以其深沉的战略眼光和卓越的指挥才能,助力秦国完成了统一六国的伟大壮举。他不仅在战场上屡建奇功,更以超凡的政治智慧,通过自污避祸的策略,成功化解了功高震主的危机,展现了高超的生存艺术。王翦的一生,是军事才能与政治智慧的完美结合。

张良：运筹帷幄后，智者逍遥游

张良，字子房，生于战国末期，韩国贵族之后。韩国的覆灭让他痛彻心扉，为了复国报仇，他不惜散尽家财，招募壮士，策划了一场针对秦始皇的惊心动魄的刺杀行动。虽未成功，却使张良的名字响彻天下。

刺杀失败后，张良被迫逃亡。在流亡生涯中，张良目睹了秦朝的暴政，心中更加坚定了反秦的信念。当陈胜、吴广起义的消息传来时，张良迅速聚集了一百多人，加入了反秦的行列。不久，沛县人刘邦自立为沛公，占领了下邳一带。张良看重刘邦的为人，毅然归顺。

张良跟随刘邦后，展现出了卓越的军事才能和战略眼光。他运筹帷幄之中，决胜千里之外，多次为刘邦化解危机。在刘邦与项羽争夺天下的过程中，张良更是起到了至关重要的作用。他建议刘邦烧毁栈道，消除项羽的猜忌；在鸿门宴上，他机智地保护刘邦脱离险境；在楚汉相争的关键时刻，他献计让士兵唱楚歌，瓦解了项羽的军心。最终，刘邦在张良的辅佐下，击败项羽，建立了汉朝。

西汉建国后，张良毫不居功自傲。刘邦大封功臣，令张良自择齐国三万户为食邑，张良辞让。他说："当时你我君臣于留地相遇，就把我封在那里吧。"

刘邦同意，称张良为留侯。

——这比齐国那三万户的食邑可就小多了，简薄多了，待遇差多了。

可是他说，故国灭而家族败，此后自己只是一介布衣，而得封万户，位列侯，这就够了。

张良善谋，一方面，他怕功高震主；另一方面，他本是韩国贵族，刘邦对他毕竟心有猜忌，若是官高位显，万一刘邦怀疑他要复韩，岂不是要落得死无葬身之地？他用请封留地的举动，向刘邦表明了自己的忠诚。

同时，他深知"飞鸟尽，良弓藏；狡兔死，走狗烹"的道理，因此主动请求辞去官职，归隐山林。

在刘邦之子刘盈与刘如意争夺太子之位的时候，张良其实已经"道引不食穀，杜门不出岁馀"了。他并不想搀和这种凶险的争斗。只是吕雉苦苦恳求，张良才提出寻找商山四皓辅佐太子刘盈的意见，吕雉照此办理，刘邦见刘盈羽翼已成，只好打消了废掉刘盈，另立太子的念头。

此事虽成，张良却依然如同闲云野鹤，从不向吕雉邀功，而是潜心修行黄老之学，甚至静居不食五谷近三年，足不出户近五年。吕雉得知，劝他："人生一世间，如白驹过隙，何至自苦如此乎？"张良虽作了一些调整，但是整体的人生基调没变。

所以，他是得了善终的。他的后代也很少卷入政治斗争。他的十世孙张道陵还根据家族传承，创立"正一道"，成为道教创始人之一。

霹雳手段

张良，汉初三杰之一，以其超凡的智慧和卓越的谋略，为刘邦建立汉朝立下汗马功劳。然而，在功成名就之后，他并未沉溺于权力和荣耀之中，而是选择了功成身退，归隐山林。这一举动不仅彰显了他淡泊名利的高尚品质，更体现了他对人生哲理的深刻领悟。张良的归隐，既是对自身安全的明智保护，也是对人生更高境界的追求。

曹参谦隐：治国有道的汉初名相传奇

汉惠帝二年，丞相萧何去世，吕后与惠帝共同召见了齐国国相曹参，委以重任，令其继任丞相之位。曹参接旨入京，面见二主，正式接掌相印，入驻丞相府。

朝野间流传着萧、曹二人的旧闻，言及二人虽同起沛县，却心有嫌隙。众臣都以为曹参上任后，定会借机大动干戈，调整人事。一时间，相府内外人心浮动，官员们皆对未来充满忧虑。然而，曹参接掌相位后，却并未有所动作，反而宣布一切政务、人事皆遵循萧何旧制，相府恢复往日的平静。官员们这才放下心来，各司其职。

数月后，曹参对属僚有了深入了解，这才开始着手整顿。他罢免了那些喜好虚名、善于钻营的官员，从各郡国选拔年高德劭、口拙心诚的文吏填补空缺。

此后，曹参便深居简出，日夜饮酒，不再过问政事。曹参的所作所为引起了身边官员和宾客的疑惑，他们纷纷前来询问。然而，曹参总是以酒相待，直至宾客醉倒，也并未透露半点内心的想法。相府后园更是成了官员们饮酒作乐之地，歌声笑语，传遍四方。曹参对此视而不见，甚至有时亲自加入其中，与吏民同乐。

朝中大臣对曹参的作为议论纷纷，有的还向惠帝告发。惠帝召来曹参之子曹窋，让他代为询问曹参这样做，所为何来。曹窋回家后，将惠帝的话转告给父亲。曹参听后，怒不可遏，将曹窋痛打一顿，并责令其入宫侍驾。

曹窋入宫后，向惠帝诉说了委屈。惠帝更加疑惑，次日留下曹参询问。曹参跪拜谢罪后，反问惠帝："陛下自比高祖如何？臣之才又比萧何如何？"惠帝皆答不如。曹参这才道出心声："高祖与萧何已定天下，法令制度完备。今陛下与臣只需守成即可，何必妄动？"惠帝听后，恍然大悟。

曹参继续推行"萧规曹随"的政策，百姓得以安居乐业，国家得以休养生息。汉惠帝五年，曹参病逝，其"无为而治"的理念却深入人心。百姓编歌传唱："萧何为法，讲若画一；曹参代之，守而勿失。载其清净，民以守一。"

曹参的治国之道，与汉初社会的需求不谋而合，由此成为后世传颂的佳话。

霹雳手段

曹参继任丞相后，并未急于求成，而是采取了"萧规曹随"的策略，继续推行萧何的治国之道，确保了国家政策的连续性和稳定性。曹参的明智在于他能够洞察时局，把握大势，以无为而治的方式，实现了国家的长治久安。而他的谦退则体现在他不争名利，不图虚名，甘于在幕后默默付出，为汉朝的繁荣稳定奠定了坚实基础。曹参的明智与谦退，不仅赢得了朝野上下的尊敬，也为后世树立了典范。

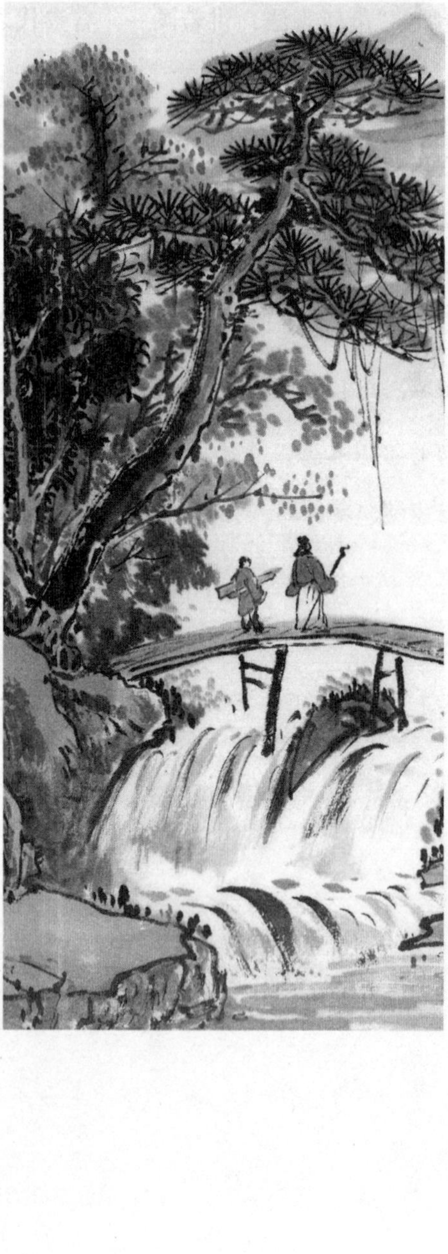

第十章

破而后立,凤凰涅槃
——在挫折中寻找机遇,用霹雳手段实现重生

破茧方能成蝶,凤凰浴火重生。面对挫折与挑战,我们应勇于打破旧我,于困境中寻觅转机。如此,方能实现自我超越,迎来生命的崭新篇章。

霹雳手段

陈胜起义：匹夫一怒天下惊

秦朝末年，天下苍生饱受暴政之苦，民不聊生。

公元前209年，一场突如其来的大雨，不仅浇湿了大地，也点燃了一场改写历史的起义之火。

故事的主角，是两位普通的农民——陈胜和吴广。他们被征召为戍卒，前往渔阳戍边。然而，在途经大泽乡时，连绵不绝的大雨阻断了去路，使得他们无法按期到达。

按照秦朝的严酷法律，延误期限者，当斩首示众。面对这生死存亡的绝境，陈胜和吴广没有选择坐以待毙，而是决定揭竿而起，反抗暴秦。

于是，他们开始精心策划起义。他们利用当时人们的迷信心理，将写有"陈胜王"的帛书塞入鱼腹，又在夜晚装神弄鬼，大呼"大楚兴，陈胜王"，使得戍卒们人心惶惶，对陈胜敬畏有加。

起义的时机终于成熟。一天夜里，当押送他们的将尉醉酒之际，吴广故意激怒将尉，引得将尉拔剑相向。就在这一刹那，吴广一跃而起，夺剑斩杀了将尉。陈胜也迅速行动，将另一名将尉斩杀。随后，他们召集戍卒，慷慨陈词，号召大家反抗暴秦，为生存而战，并且喊出了震聋发聩的一句话："王侯将相，宁有种乎？"

戍卒们被陈胜的决心感染，纷纷响应，他们斩木为旗，揭竿而起，首先攻下了大泽乡，随后又连克数县，队伍迅速膨胀至数万人。

在攻打陈县时，起义军势如破竹，一举攻占了城池。陈胜在陈县被当地豪杰推举为王，建立了张楚政权，自号"张楚王"。他分兵攻打赵、魏等地，派遣周文率领主力部队进军关中，一时间，起义的烽火燃遍了整个秦朝。

虽然不久之后陈胜与吴广分别被杀，起义也以失败告终，但是它却如同一颗璀璨的流星，划破了秦朝末年黑暗的天空。

雷霆手段

陈胜起义点燃了人们心中的反抗之火，加速了秦朝的灭亡。更重要的是，它向世人展示了匹夫一怒天下惊的力量，证明了即使是最普通的人，也能在历史的舞台上留下浓墨重彩的一笔。

陈胜和吴广的名字，将永远镌刻在历史的丰碑上，成为后世反抗暴政的象征。

霹雳手段

商汤逐鹿：夏桀末路，王朝更迭的烽火史诗

公元前16世纪，统治了中原400多年的夏王朝已到了末期。夏朝的最后一位国君桀是一个暴君，整日追求淫乐，生活放纵不羁。

他酗酒成性，经常醉酒后殴打百姓，甚至以杖击之。为了满足自己的奢侈生活，修建奢华的宫殿，倾宫就是他为了取悦宠妃妹喜建造的。因此，他大肆搜刮民脂民膏，强征苦役，使百姓苦不堪言。

他还用残暴的手段，杀害异己，用酷刑处死反对者。有一个忠臣名叫关龙逄，因为多次劝谏夏桀，就被杀害了。

与此同时，黄河下游的商部落逐渐崛起，到了汤做首领的时候，这个部落已经十分强大了。

夏桀因为忌惮汤，曾召见汤并将其囚禁在夏台。在被囚禁期间，商汤的臣下伊尹向夏桀献上珍宝和美女，夏桀才释放了商汤。

被释放后，商汤继续积蓄力量，在时机成熟时，率领大军发动伐桀之战。战前，他举行了隆重的誓师大会，他慷慨激昂地说：

"来，你们众人，到这儿来，都仔细听我说。不是我要兴兵作乱，

实在是夏桀的罪行罄竹难书。也许你们会说，我们的国君不体恤我们，让我们抛下农事去打仗；也许你们还会问，夏桀到底犯了什么罪？我告诉你们吧，夏桀的大徭役使夏国民力消耗殆尽，夏桀的重重盘剥耗尽民财。夏国民众都对他失望透顶，口里唱着说，这个太阳啊，什么时候才能消灭？我宁愿和你一起灭亡！夏王的德行已经如此不堪，所以我才会奉上天之命去讨伐他。你们和我一起去，向夏桀降下上天的惩罚吧，我会重重奖赏你们的，我说话算数！如果你们抗命不遵，我也会惩罚你们的，我也说话算数！"

商汤的这篇话，就是后世流传的《汤誓》。

誓师后，商汤立即率领大军，绕到夏都以西，出其不意，攻其无备，突袭夏都。夏桀仓促应战，节节败退，最终率残部仓皇逃奔南巢，却被商军追上俘获，放逐在南巢（今安徽巢县），不久病死。

夏桀曾经对人说："我后悔当初没有索性把汤杀死在夏台，才使我落到这个下场。"

夏桀死后，自夏后启建国，传了十六个国王、延续了四百多年的夏王朝彻底灭亡。在夏王朝的废墟之上，诞生了一个新的王朝——商。

雷霆手段

面对夏桀的暴政，商汤没有选择沉默或逃避，而是勇敢地站出来，为百姓争取正义。他通过明智的战略和果断的决策，成功地推翻了夏朝的统治，建立了新的王朝。商汤的壮举，不仅赢得了百姓的拥护，也为后世树立了榜样，证明了当仁不让、勇于担当的精神，是推动社会进步和发展的重要力量。

武王伐纣：正义之旗，商周交替的铁血风云

在商朝末年，即商纣王帝辛的统治时期，国家陷入了前所未有的动荡与混乱。商纣王以其荒淫无度和倒行逆施而闻名，他的行为不仅让百姓怨声载道，更使得朝廷内部矛盾重重。

商纣王特别爱摆阔气，他的王宫用玉石做门，黄金做柱，装潢得富丽堂皇。他在王宫里设置了酒池肉林，尽情享受。纣王建造的鹿台，高达十丈，比夏桀的瑶台还要阔气得多。为了满足自己的私欲，他不断加重百姓的劳役，使得百姓生活在水深火热之中。

他发明了炮烙之刑，谁忤逆了他，他就会把这人浑身赤裸地绑于烧红的铜柱之上，惨叫声响彻王宫声声震耳。他还会把人活活剖心，他的叔叔，忠臣比干就是被他剖心而死。

他对宠妃妲己的宠幸到了无以复加的地步。商纣王为她大兴土木，建造奢华的宫殿和园林，还与她一起宴饮作乐。因为妲己说自己可以看出孕妇怀的是男孩还是女孩，商纣王就命人搜罗孕妇，剖腹验证。

在商朝百姓离心、朝臣钳口、万马齐喑的同时,在商朝的西方,周族正在悄然崛起。

周文王姬昌在位时,发展生产,亲民爱民,他的儿子周武王更是继承了父亲的遗志,大力发展农业耕种。在姜子牙的辅佐下,他改革弊政,加强军事训练。所有的一切,都是为了遵循文王遗旨,东进伐纣。

纣王越发昏庸暴虐,杀了王子比干,囚禁了箕子。太师疵、少师强抱着乐器逃奔到周国。于是周武王向全体诸侯宣告:"殷王罪恶深重,不能不加以讨伐了!"

于是在公元前 1046 年,他率领战车三百辆、虎贲三千人、甲士四万五千人,并联合了庸、蜀、羌、髳、微、卢、彭、濮八方国的军队，大举东进伐纣。当军队全部渡过盟津之时，武王作《太誓》，向全体官兵宣告："现在我姬发要代天罚罪，各位要努力！"

周的军队到达商郊牧野，商纣王发兵七十万进行抵抗，双方展开了激战。商纣王的军队虽然看起来人多势众，但是军心涣散，很多军士的心里都盼着武王能够攻过来，他们甚至都掉转方向，领头冲着商纣王的城池攻去，后面跟着急驱战车的周武王的大军。

就这样，商纣王的军队全线崩溃，纣王逃归城中，登上为妲己所造高大华美、用来奢靡享受的鹿台，穿上他的宝玉衣，投火自焚。

周武王进城后，受到商民跪拜迎接。他箭射商纣王的尸体，又用宝剑刺其尸，再用黄色大斧斩其头，悬于旗竿。对于商纣王已经自杀的宠妃的尸体也照此办理。

然后，他释放囚徒，赈济贫苦，命人搬走殷人九鼎，以宣告商朝统治已经结束，新的时代开始了。

雷霆手段

周武王铁血伐纣是中国历史上具有划时代意义的事件。周武王在商纣王残暴统治、社会矛盾尖锐的背景下，毅然联合各诸侯联军起兵伐纣，最终在牧野之战中击败商军，建立周朝。他的这一壮举不仅结束了商朝的暴政，也为后世树立了仁政爱民的典范。其英勇无畏的精神，值得后世铭记和学习。

孙膑智谋燃烽火：复仇之路，庞涓陨落的绝世棋局

在战国烽烟四起的年代，孙膑与庞涓，两位同门师兄弟，却因命运的捉弄和嫉妒的火焰，走上了截然不同的道路。

孙膑才华横溢，因庞涓的嫉妒而惨遭陷害，遭受了膑刑，双腿被废，脸上被刺字，从云端跌落至尘埃。

面对灾难，孙膑装疯卖傻，骗过了庞涓的耳目，最终在齐国使者的帮助下，逃离了魏国的魔爪，来到了齐国，成为田忌的门客。在这里，他凭借"田忌赛马"的智谋，一举赢得了田忌的信任，进而得到了齐威王的赏识，被任命为军师。

公元前354年，魏国出兵攻打赵国，围困了邯郸。孙膑向齐威王献上了"围魏救赵"之计，建议直接攻打魏国都城大梁，迫使庞涓回援。这一计策果然奏效，庞涓在桂陵之战中大败而归，孙膑初步实现了对庞涓的打击。

公元前341年，魏国再次出兵攻打韩国，韩国危在旦夕，只得向齐国求救。齐威王再次任命孙膑为军师，田忌为大将，率领齐军救援

韩国。

孙膑决定再次运用"围魏救赵"的策略，齐军出兵后，并未直接前往韩国救援，而是直奔魏国都城大梁而去。庞涓闻讯，大惊失色，立即撤军回援。

在魏军回援的路上，孙膑命令齐军逐日减少军营中的灶数。第一天，齐军扎下十万个灶，第二天减少到五万，第三天则只剩下三万。庞涓得知后，心中大喜，以为齐军士气低落，逃兵众多，于是决定轻装简行，率领精锐骑兵日夜兼程追击齐军。

孙膑早已在马陵道设下埋伏，这是一条狭窄的山谷，两旁峭壁林立，易守难攻。他命人在道路两旁的峭壁上布置了无数弓箭手，只等庞涓大军一到，便万箭齐发。

庞涓率军进入马陵道后，见前方道路狭窄，心中虽有疑虑，但求胜心切的他已顾不得许多，继续率军前行。就在这时，他突然看到路旁一棵大树的树皮被剥去，上面刻有几个字。他举火照看树上的字，原来是"庞涓死于此树下"，庞涓大怒之时，却听得一声令下，万箭齐发，魏军顿时乱作一团，纷纷中箭倒地。

庞涓见势不妙，想要撤退，但已无路可逃。他深知此战已败，无颜再见魏王，于是拔剑自刎，倒在了血泊之中。临死他尚且心中不服，愤恨地说："竟然成全了这小子的名声！"

魏国大军失去了主将，群龙无首，很快便溃不成军，被齐军一举歼灭，俘虏了魏国太子申回国。孙膑也因此名扬天下，后世社会上流传着他的兵法。

雷霆手段

孙膑与庞涓的故事是战国历史中一段扣人心弦的恩怨纠葛。孙膑在遭受庞涓的陷害后，并未沉沦，而是以超凡的智慧和毅力，在齐国找到了一席之地。他通过围魏救赵、桂陵之战等战役，逐渐崭露头角，最终在马陵之战中，以雷霆手段，设计诛杀了庞涓，为自己报了仇。

这段故事不仅展现了孙膑卓越的军事才能，更凸显了他坚韧不拔、隐忍奋斗的精神。孙膑的胜利，是对他个人不屈不挠精神的最好诠释。

范雎十年磨一剑：复仇之火，燃尽恩怨

战国时期，魏国出了一个名叫范雎的谋略家。

范雎出身贫寒，却胸怀大志。然而，他在魏国大夫须贾门下做门客，却无端遭受陷害。

公元前272年，范雎陪同须贾出使齐国，因齐襄王赏识其口才，赠送礼物，却被须贾诬陷为叛国。魏相魏齐听信谗言，对范雎施以酷刑，打断肋骨，打掉牙齿，甚至将他扔在厕所里，任由宾客侮辱。范雎装死逃脱，捡回一条性命，开始了逃亡之路。

范雎改名张禄，藏匿于民间，后遇秦使王稽，被举荐入秦。范雎凭借能言善辩、足智多谋，逐渐得到秦昭襄王的信任，终至相位，封号为"应侯"。只不过他仍旧叫张禄，并没有改回原来的名字。

魏王闻秦国欲东征韩、魏，遂遣须贾为使，前往秦国求和。范雎隐去身份，换上破衣，徒步至客馆，与须贾来了个"不期而遇"。

须贾本来以为范雎已死，此时见到，惊愕不已。须贾问范雎此来何事，是不是为了游说，范雎却称自己因得罪魏相，流亡至此，不过

是在富户家里做仆役，怎么敢言游说之事。

须贾心生怜悯，赠粗丝袍一件，并问范雎是否认识秦相张禄。范雎称主人与张禄相熟，自己能做引见。

须贾自持身份，因为车马已坏，不肯出门，于是范雎主动为他借来四马大车，并亲自驾车，直奔相府。

相府中人见范雎亲自驾车而来，惊愕之下，谁都不敢言语。到了范雎相府的门口，范雎让须贾稍等，自己先入内通报。可是须贾左等不见人来，右等不见人来，后来再也不愿意拽着马缰绳傻等了，就鼓足勇气，问这里的门卒："范叔进去很长时间了还不出来，是怎么回事？"

门卒说："这里没有范叔。"

须贾说："就是刚才跟我一起乘车进去的那个人。"

门卒说："他就是我们的相国张君。"

须贾一听，大惊失色，方知被诓骗而来，吓得赶紧脱了上衣，光着膀子，双膝跪地而行，请门卒传话，要向范雎认罪。

范雎早命人将帐幕高张，侍从左右罗列，传须贾上堂来见。

须贾上得堂来，叩头称死罪。

范雎细数他三罪：一是诬陷自己通齐；二是见自己被辱而不制止；三是醉酒后向自己撒尿。念及须贾赠袍之情，范雎决定放其一马。

随后，范雎进宫向昭王禀报，决定不接受魏国的求和，责令须贾回国。须贾辞行时，范雎大摆宴席，请来诸侯使臣与自己同坐，而让须贾坐于堂下，在他面前放了一槽草豆掺拌的饲料，又命令两个受过墨刑的犯人在两旁夹着，像喂马一样喂他吃饲料。

然后，责令须贾转告魏王，速献魏齐首级，否则将屠平大梁。

须贾屁滚尿流回到魏国，把情况告诉了魏齐，魏齐吓得三魂去了两魄，又屁滚尿流逃到赵国，躲进平原君的家里。后来，秦王嬴稷索要魏齐头颅，魏齐虽辗转奔逃，却无法脱困，只得伏剑自杀。他的头颅最终送到秦王面前。

雷霆手段

范雎在魏国遭受侮辱和迫害后，选择了隐忍，这种隐忍不仅是对自身情绪的克制，更是对时机的等待和把握。他明白，在逆境中保持冷静和理智，才能找到反击的机会。最终，他成功逃亡至秦国，并凭借自己的智慧和才能，获得了秦王的信任和重用。

范雎的复仇行动展示了个人意志与智慧的力量，同时也对魏国的政治格局产生了冲击。他的复仇之路，既展现了深沉的隐忍与坚韧，又彰显了雷霆万钧的手段。

勾践忍辱负重：终灭强吴的绝世逆袭

在春秋战国那个群雄并起的时代，吴越两国之间的恩怨情仇，无疑是历史长河中一抹浓重的色彩。

在这场长达数十年的争斗中，越王勾践以其非凡的毅力和智慧，上演了一场从屈辱到辉煌的绝世逆袭。

故事始于公元前494年，越王勾践率领大军与吴王夫差在夫椒展开激战。然而，越军最终败于吴军之手。勾践被迫退守会稽山，面临着亡国灭种的危机。

面对如此绝境，勾践采纳了大夫文种的建议，向吴国求和，并以自己为质，入吴为奴，以求保存越国的火种。

在吴国，勾践饱受屈辱，每天为吴王夫差养马驾车，甚至还要尝夫差的粪便以判断其病情，以此取悦吴王，吴王终于把他放归越国。

但是，勾践表面上仍旧对吴王夫差毕恭毕敬，实际上却与众大臣共商灭吴大计。他折节下贤，振贫吊死，与百姓同心同德。同时还不断送去财宝和美女，以厚赂夫差，使他对自己完全放下防备。

霹雳手段

经过长期的忍辱负重，勾践等来了复仇的良机。

公元前482年，吴王夫差北上参加黄池之会，与诸侯争霸，国内空虚。勾践趁机率领越军，一举攻破了吴国都城姑苏，夫差被迫求和。因越国国力暂时不足以吞并吴国，于是勾践同意了吴国的求和。

四年后，越国积存了足够的力气，再次攻打吴国，殊死一战，大败吴军，包围吴都三年，吴军终于势穷力竭。

公元前473年，越国再次发动大规模攻势，最终攻陷了吴国都城姑苏。夫差企图求和，但被勾践拒绝。夫差绝望自杀，吴国终于灭亡。

> **雷霆手段**
>
> 　　在吴国为奴的屈辱岁月中，勾践默默积蓄力量，回国后迅速整顿朝政，发展经济，训练军队。终于，在时机成熟时，他率领越军对吴国发起攻势，最终迫使吴王夫差自杀，从而了却了国仇家恨。
>
> 　　这场长期隐忍之后爆发的灭国之战，是他复仇决心与坚韧毅力的终极展现。